能量
植物奶

專業營養師
林俐岑◎著

朱雀文化

讓植物奶
成為你我的日常

　　這幾年由於素食主義以及環保意識的抬頭，越來越多植物性的產品順應潮流而生，像是「植物奶」，就是一個很明顯的例子。身為一名提倡攝取健康、原態食物的營養師，在了解市售的各種植物奶及其製造成分後，發現許多民眾其實並不清楚植物奶與乳品的差異，以為可以藉由喝植物奶來取代每日的乳品攝取。因此，讓我想要藉由寫一本專門介紹植物奶的書籍來告訴民眾，各種植物奶與乳品之間的營養成分有所不同，而且在家自製植物奶並不困難，也可以進一步延伸製作出許多各種口味的冷熱飲品、濃湯、粥品以及烘焙點心喔！

　　有別於一般單純的食譜書，在這本書裡，你可以獲得更多的營養知識，像是植物奶對於三高患者來說，該如何搭配攝取會更適合？或是不同飲品的食譜設計對於身體會有哪方面的幫助及益處，不單單是美味好喝而已，還可以兼顧營養與健康，這才是俐岑營養師想要傳達的信念。

　　這幾年俐岑耕耘於社區營養講座的推廣,許多實作課程我也會帶著社區長輩一起製作健康飲品,像是「南瓜堅果豆奶」等,有些長輩牙口不好、胃口差,但透過食材之間的搭配所製作出來的高營養密度飲品,讓長輩順口好飲用而且提高吸收率,藉此可以改善長輩的健康問題。

　　繼上一本《減醣烘焙》一書,睽違三年後的新書,耗費多時的飲品設計,以及將我所擅長的健康烘焙點心結合在一起,書裡內容豐富,非常適合長輩、幼兒以及各年齡層的人飲用。只要有一本好的工具書和一台性能好的果汁機(或食物調理機),就可以在家製作出植物奶飲品及點心,相信您絕對可以獲益良多喔!

專業營養師

林俐岑

目錄
CONTENTS

作者序

讓植物奶成為你我的日常 ⋯⋯ 2

PART1
認識植物奶

10
你應該了解的
10大植物奶基本知識

1 什麼是植物奶？ ⋯⋯ 10

2 植物奶和動物奶，差別在哪裡？ ⋯⋯ 14

3 植物奶有牛奶成分嗎？ ⋯⋯ 16

4 我有乳糖不耐，可以喝植物奶嗎？ ⋯⋯ 16

5 患有高血脂的人可以喝植物奶嗎？ ⋯⋯ 16

6 患有高血壓的人可以喝植物奶嗎？ ⋯⋯ 18

7 患有糖尿病的人可以喝植物奶嗎？ ⋯⋯ 20

8 如何在家自製植物奶？ ⋯⋯ 21

9 喝植物奶若想加些糖調味，用什麼糖比較好？ ⋯⋯ 23

10 購買市售植物奶的挑選原則？ ⋯⋯ 24

PART 2
營養的飲品

28

各式各樣、營養滿分的
植物奶飲品

30 ⋯⋯ 經典原味豆奶

32 ⋯⋯ 抹茶豆奶

34 ⋯⋯ 可可豆奶

36 ⋯⋯ 拿鐵豆奶

38 ⋯⋯ 南瓜堅果豆奶

40 ⋯⋯ 薑汁豆奶

42 ⋯⋯ 發芽玄米豆奶

44 ⋯⋯ 經典原味燕麥奶

46 ⋯⋯ 芝麻燕麥奶

48 ⋯⋯ 亞麻仁燕麥奶

50 ⋯⋯ 香蕉燕麥奶

52 ⋯⋯ 蘋果酪梨燕麥奶

54 ⋯⋯ 藍莓燕麥奶

經典原味杏仁奶 ⋯⋯ 56

銀耳杏仁燉奶 ⋯⋯ 58

仙草杏仁奶凍飲 ⋯⋯ 60

珍珠杏仁奶茶 ⋯⋯ 62

可可杏仁奶 ⋯⋯ 64

香蕉芝麻杏仁奶 ⋯⋯ 66

經典原味堅果奶 ⋯⋯ 68

西洋梨堅果奶冰沙 ⋯⋯ 70

桂圓堅果奶 ⋯⋯ 72

枸杞堅果奶 ⋯⋯ 74

肉桂堅果拿鐵 ⋯⋯ 76

特調植物奶 ⋯⋯ 78

PART3
美味的料理

80

**不是只有飲品，
拿來做料理也很迷人**

毛豆（枝豆）豆奶濃湯 ⋯⋯ 82

芝麻豆奶糊 ⋯⋯ 84

銀耳紅棗燉豆奶 ⋯⋯ 86

洋蔥燕麥濃湯 ⋯⋯ 88

香菇雞茸燕麥濃湯 ⋯⋯ 90

蘑菇青醬杏仁濃湯 ⋯⋯ 92

蒜香堅果濃湯 ⋯⋯ 94

松露堅果奶風味燉飯 ⋯⋯ 96

南瓜雞肉堅果燉飯 ⋯⋯ 98

PART 4
可口的點心

100

讓人欲罷不能的小點，
你選哪一道？

經典佛卡夏 ⋯⋯ 102

伯爵豆香全麥戚風蛋糕 ⋯⋯ 104

芒果豆奶奶酪 ⋯⋯ 106

葡萄乾燕麥司康 ⋯⋯ 108

紅藜果乾燕麥餅乾 ⋯⋯ 110

蔥花燕麥小餐包 ⋯⋯ 112

經典肉桂捲 ⋯⋯ 114

格子鬆餅 ⋯⋯ 116

杏仁風味麵包布丁 ⋯⋯ 118

香蕉堅果蛋糕 ⋯⋯ 120

藍莓堅果奶派 ⋯⋯ 122

PART 1
認識植物奶

植物奶 **10** 大基本知識

你應該了解的

植物奶

10 大基本知識

長久以來，牛奶都被喻為補充蛋白質及鈣質的主要途徑，但近年興起的奶品越來越多，特別是像豆奶、燕麥奶等植物奶類等，到底什麼是植物奶？它可以取代牛奶嗎？它有什麼營養成分？糖尿病、高血壓、高血脂的患者也可以喝嗎？除了飲用，它又能做什麼呢？

這一單元，正是要告訴你正確的植物奶知識。

 什麼是植物奶？

杏仁奶　　　豆奶　　　堅果奶　　　燕麥奶

【 植物奶，是什麼？是一種奶嗎？ 】

這幾年，植物奶變得很熱門，主要是因為環保議題以及素食主義抬頭的關係。但是植物奶到底是什麼？裡面有乳類成分嗎？現在市售常見的植物奶多半為「豆奶」、「燕麥奶」、「杏仁奶」等，但廣義來說，只要是用植物素材，像是穀類、豆類、堅果等食材所攪打出來的漿液，由於顏色呈現乳白色，就會稱為「植物奶」，但其實這些植物奶，並沒有含任何一點乳的成分，與其說是植物奶，我個人覺得稱為「植物飲」會更合適。東方人因為體質的關係，許多人喝鮮奶或牛奶容易有拉肚子的問題，深受乳糖不耐的困擾，因此，延伸出來許多標榜不含乳糖的「植物奶」。

【 以環保議題來看，食用植物奶真的環保嗎？ 】

目前台灣市售的植物奶，幾乎都是從國外進口而來，無論是航運或空運，碳排放量肯定也是不少，而且反映在成本上，植物奶的售價往往比較高，所以若您喝植物奶是為了減少碳排放量，可能幫助並不大，我反而傾向於鼓勵民眾在家自製植物奶，製作過程其實沒有想像中的複雜，而且因為沒有經過濾渣動作，反而可以保留更多的膳食纖維及營養素。製備好的植物奶可以置於冰箱冷藏三至五天，不僅可以減少產品購買後的包裝耗材來達到環保愛地球，植物奶的濃厚度也可以隨自己的喜好調整，透過自製植物奶的方式，讓喝植物奶不再只是空時尚，而是無論對地球或對自己家人都是最好的回饋。

接下來我將為讀者介紹目前常見的植物奶，像是豆奶（即是豆漿、豆乳）、燕麥奶、杏仁奶等，說明各種植物奶的營養成分，以及對於健康的整體正面效益：

A・豆奶

「豆奶」，顧名思義就是從黃豆加水而來，加熱煮沸成豆漿，所以豆奶其實就是我們常說的「豆漿」。在日本，豆奶也常寫成「豆乳」，但都是指相同的植物奶。以成分黃豆來看，在六大類食物中屬於豆魚蛋肉類，含有優質的植物性蛋白質，所以以黃豆製成的豆奶，營養價值高，含有豐富的蛋白質、脂質、碳水化合物、卵磷脂、維生素 E 及礦物質等，以 100 毫升的豆奶來看，含有 3.3 公克蛋白質、1.6 公克脂質、2.2 公克碳水化合物。許多研究更證實，豆奶對於健康所帶來的正面效益，主要就是植物性豆奶相較其他動物性肉類，豆奶沒有膽固醇的問題，再加上所含的油脂以多元不飽和脂肪酸居多，飽和脂肪的含量極低，因此，豆奶可以用來改善血脂問題、降低心血管疾病發生的風險等，若是再搭配上運動，可以促進肌肉的合成，以及延緩肌肉流失，常用來當作增肌減脂的好食材。

外面市售的豆奶多半過濾掉「豆渣」，殊不知所濾掉的是對身體健康有益處的寶物。身體健康有益處的寶物，以豆渣的營養成分來看，含水量高達 85%、蛋白質 3%、脂肪 0.5%、碳水化合

物 8%，內含有豐富的寡糖以及膳食纖維，以及鈣、磷、鐵等礦物質，因此，「喝豆漿不濾渣」，可以調整血脂肪，豐富的膳食纖維可以和膽固醇結合進而代謝，並且可以緩減血糖上升，屬於低升糖指數的食物；再者，豐富的寡糖和膳食纖維更有助於腸道內益生菌的生長，膳食纖維在腸道內進一步發酵產生短鏈脂肪酸（以乙酸、丙酸、丁酸這三種短鏈脂肪酸為主），短鏈脂肪酸除了可當作腸細胞的能量來源，還可以營造一個不利於壞菌生長的環境，進而改善腸道內的菌相平衡，維持良好的腸道健康，使腸道代謝活動生生不息。但不經過過濾的步驟，反而可以保留更多的膳食纖維及營養素，提供更多飽足感，也能夠刺激腸道蠕動，有助於維持消化道的健康，非常適合有排便問題或是想要控制體重的人食用。

另外，有些人喝豆奶或是吃黃豆相關製品會有脹氣等問題，主要是因為黃豆內含一些寡糖，如水蘇糖以及棉籽糖，由於寡糖無法被腸道消化吸收，就會在腸道內被細菌發酵利用，進而產氣，因此，若您在睡前喝大量豆奶，加上腸蠕動慢，很有可能進一步就會造成脹氣而不舒服了。若喝豆奶會脹氣的人，留意攝取的份量以及時間點，就可以大大降低脹氣的機會囉！

B · 燕麥奶

以外面市售的「燕麥奶」來看，成分主要是水、燕麥、菜籽油以及些許纖維、額外添加的維生素及礦物質。「燕麥」在六大類食物中屬於「全穀雜糧類」食物的範疇，燕麥含有豐富的水溶性膳食纖維「β- 葡聚糖（β-glucan）」，能夠吸附水分膨脹，刺激腸道，幫助腸道蠕動及排便，對於有三高的人來說，特別是高血脂的人，水溶性膳食纖維可以與體內的膽固醇結合，從糞便代謝，進而調節血脂肪，此外，β- 葡聚糖更是腸道益生菌的食物來源，有助於維持良好的腸道菌相。由於燕麥對於健康有很多正面影響，所以燕麥相關的產品一直有廠商陸續開發出來，像是燕麥棒、燕麥穀粉，一直到現在很熱門的燕麥奶。

以 100 毫升的燕麥奶來看，內含蛋白質僅有 1.1 公克，但碳水化合物的含量較高，有些市售的燕麥奶甚至還會額外再加入精製糖調味，所以您喝到的是真正的燕麥奶嗎？還是含糖飲料呢？對於有血糖的人，需要將燕麥奶的碳水化合物算入每日總醣量份量的計算之中，100 毫升燕麥奶有8.1公克碳水化合物，約是「半份主食」份量。另外，在選擇上也建議盡量挑選無添加糖的燕麥奶，對健康比較沒有負擔。

有些人其實不喜歡燕麥片粗粗的口感，但在家自製的燕麥奶，經過長時間泡製燕麥片，加開水攪打後，粗糙的口感大幅降低，只要不經過濾渣，依舊可以攝取到豐富膳食纖維的燕麥對於身體的好處，像是血脂調節、延長飽足感、益生菌的食物來源，維持消化道良好菌相及機能等。

C · 杏仁奶

首先，必須跟大家釐清「杏仁奶」和「杏仁茶」兩者是不相同的食物，很多人以為杏仁奶就是杏仁茶，坊間的杏仁茶是使用中藥行的南杏或北杏所製作出來，具有特殊香味的飲品；而「杏仁奶」的做法，是將杏仁果泡軟，加入開水攪打成漿。「杏仁果」在六大類食物中屬於「油脂及堅果種子類」，原以為杏仁奶的熱量滿高的，但沒想到以 100 毫升的市售杏仁奶來看，熱量低於燕麥奶和豆奶，主要是因為市售的杏仁奶所使用的杏仁果較少，水量較多，蛋白質和碳水化合物的含量都很低，僅有少部分杏仁果的油脂，所以攪打起來的杏仁奶自然熱量就較低，因此很適合控制總熱量攝取的人食用。由於杏仁果是鈣質含量最高的堅果，所以杏仁奶含有豐富的鈣質，可以媲美鮮奶的鈣質含量，對於「素食者」以及「乳糖不耐的人」來說，杏仁奶是補鈣的好選擇。

以台灣營養成分資料庫來看，100 公克的杏仁果含有蛋白質 27 公克、油脂 48 公克以及碳水化合物 17 公克、膳食纖維含量將近 6.5 公克，市售的杏仁奶為了口感，幾乎都會經過濾渣的步驟，過濾掉對身體非常有益處的膳食纖維，因此，後續的章節，營養師會帶著讀者如何在家中輕鬆做出未過濾的杏仁奶，保留更多營養素，為自己的健康加分。

不單單是杏仁奶，無調味的綜合堅果，也可以進一步做成堅果奶，植物奶可以有很多種組合與變化，接下來也會與大家分享更多關於植物奶的相關問題，像是三高族群適合喝植物奶嗎？以及教導大家如何在家自製健康無添加的植物奶，甚至如何將植物奶做成各種好喝又營養的冷熱飲品、粥品、濃湯、料理以及烘焙點心，敬請期待。

| 表一 | 以下說明各種植物奶的特色、營養成分比較（以市售商品為計）：

營養成分 （每 100 毫升單位）	豆奶 （又名：豆漿、豆乳）	燕麥奶	杏仁奶
特色	優質植物性蛋白質，適合增肌減脂的食材	蔬食者的健康飲品	熱量低，鈣質豐富，蔬食者的健康飲品
市售商品成分內容	水、黃豆	水、燕麥、菜籽油	水、杏仁，額外添加維生素及礦物質
熱量（大卡）	36.4	50.4	17
蛋白質（公克）	3.3	1.1	0.6
脂肪（公克）	1.6	1.6	1.4
碳水化合物（公克）	2.2	8.1	0.6
其他特色營養素	卵磷脂、維生素 E	燕麥水溶性纖維	鈣質豐富
有無乳糖	✕	✕	✕
是否會脹氣	有些人會	✕	✕

② 植物奶和動物奶，差別在哪裡？

豆奶　　燕麥奶　　杏仁奶　　牛奶

　　「植物奶」顧名思義是從植物，像是一些穀類、豆類、堅果等食材，經過浸泡、攪打等製作過程而獲得的液體，因為色澤如牛奶般呈現乳白色而被稱為「植物奶」；至於常見的「動物奶」，大家一定更不陌生，像是牛奶、羊奶等。到底「植物奶」和「動物奶」兩者的營養素是否有所不同或是有任何差異？差別又在哪裡呢？

　　首先，上述說明的植物奶以常見的豆奶、燕麥奶和杏仁奶來看，分別來自於不同六大類食物的分類，像是「豆奶」來自於蛋白質豐富的食物來源，「豆魚蛋肉類」的黃豆；「燕麥奶」則是屬於醣類豐富的「全穀雜糧類」；而「杏仁奶」則屬於「油脂及堅果種子類」，因此，各含有代表的營養素，根據台灣食品營養成分資料庫顯示，以每 100 毫升的全脂鮮奶來看，熱量為 65.3 大卡，其中蛋白質含有 3.2 公克、脂肪 3.7 公克、碳水化合物（又稱醣類）含有 4.8 公克。此外，乳品為鈣質豐富的代表，每 100 毫升的全脂鮮奶，鈣含量就高達 106 毫克，相當於一毫升的全脂鮮奶就有一毫克的鈣質，屬於高鈣的食物來源。而在「豆奶（即豆漿）」、「燕麥奶」、「杏仁奶」這三款植物奶中，在鈣質部分，能跟鮮奶同屬高鈣的食物來源，就屬「杏仁奶」了！許多人誤會了，以為「豆奶」的鈣質含量豐富，想要喝豆漿補鈣，殊不知，豆奶的鈣含量僅為鮮奶的十分之一。你沒聽錯或看錯，豆奶的鈣含量真的很低，但做成傳統板豆腐、豆干的話，鈣質含量就大大提升了，所以想要補鈣的人，可千萬別吃錯囉！

| 表二 | 「動物奶—鮮奶」和「植物奶」營養成分比較：

營養成分 （每 100 毫升 為單位）	動物奶		植物奶		
	鮮奶		豆奶	燕麥奶	杏仁奶
	全脂	低脂			
熱量（大卡）	65.3	44.6	56.2	50.4	17.0
蛋白質（公克）	3.2	3.2	3.0	1.1	0.6
脂肪（公克）	3.7	1.4	1.7	1.6	1.4
碳水化合物 （公克）	4.8	4.8	7.2	8.1	0.62
鈣質（毫克）	106.0	106.0	10.0	-	120.0
產品成分	鮮乳（蛋白質、鈣質豐富來源）		水、黃豆	水、燕麥、菜籽油、無乳糖、極少纖維（有些品牌會添加碳酸鈣、磷酸鈣）	水、杏仁、額外添加維生素及礦物質、無乳糖
適合族群	❶ 沒有乳糖不耐者 ❷ 每天早晚一杯奶（成長發育中的學童、孕產婦、成人、銀髮族等）		❶ 乳糖不耐者 ❷ 增肌減脂、健身者 ❸ 肌少症	❶ 蔬食者 ❷ 乳糖不耐者 ❸ 高脂血症 ❹ 關心環保議題	❶ 蔬食者補鈣 ❷ 乳糖不耐者 ❸ 熱量較低，適合需要熱量控制者
備註	❶ 鈣磷比 1.2：1，好吸收 ❷ 富含維生素 B2、D ❸ 醣類以乳糖為主		❶ 鈣質含量低，僅有乳品的十分之一 ❷ 留意是否有額外精製糖調味 ❸ 有些人容易有脹氣問題 ❹ 無法取代鮮奶	❶ 蛋白質含量低、醣類含量高 ❷ 留意是否有額外精製糖調味 ❸ 無法取代鮮奶 ❹ 糖友須留意攝取份量	❶ 補鈣植物奶首選 ❷ 堅果過敏不適合 ❸ 蛋白質及醣類含量較低 ❹ 留意是否有額外精製糖調味 ❺ 無法取代鮮奶

目前國民健康署所推廣的「我的餐盤」，在六大類食物份量的攝取上面，明確指出「每天早晚一杯奶」，這邊的「奶」是指「乳品」，像是鮮奶、保久乳、優酪乳、優格等，而非植物奶，加上上述常見的三種植物奶營養成分和鮮奶皆不同，所以無法取代鮮奶。那麼你會問，植物奶每天可以喝多少呢？目前沒有一個建議的攝取量，以豆奶來看，一杯 240 毫升的豆奶為一份豆魚蛋肉類食物，可以融入在你一整天蛋白質食物的選項中；而燕麥奶屬於全穀雜糧類食物，以市售的一杯燕麥奶來看，大約為一份主食的份量，所以在三餐的其他主食份量上就需要減量，特別是患有糖尿病的糖友，更要留意總醣類食物的攝取量，以免燕麥奶越喝血糖越高唷！而杏仁奶的話，一杯杏仁奶喝下來，油脂還未達 5 公克，未達一份油脂，主要是因為市售的杏仁奶實際上所用的杏仁果份量不多，製成杏仁奶的熱量及油脂含量也不高，所以每天兩三杯都可以接受。

3 植物奶有牛奶成分嗎？

　　市售常見的植物奶有豆奶、燕麥奶、杏仁奶等三款，都沒有含牛奶的成分，但為什麼又稱為植物「奶」呢？主要是因為這些食材（黃豆、燕麥、杏仁果）攪打起來的顏色呈乳白色，而且不含乳糖，許多業者就將其取名為植物奶，但我個人覺得稱為「植物飲」，比較不會讓人誤以為裡面的成分含有牛奶。植物奶因為不含牛奶成分，即不含乳糖，許多有乳糖不耐的人趨之若鶩，但必須要知道，植物奶的營養成分和鮮奶之間有很大的差異（見 P.15 表二），所以植物奶不能取代鮮奶，但每天仍可以適量飲用，可以做出不同口味及搭配的冷熱飲品，一年四季都能飲用，也能加入於各種烘焙製品的製作，使其成為更健康的烘焙品項。

4 我有乳糖不耐，可以喝植物奶嗎？

　　東方人因為體質的關係，腸道內的乳糖酶分泌量較少，當攝取含有乳糖的製品，像是鮮乳、牛奶之後，乳糖因為沒有充足的乳糖酶進行消化，而產生乳糖消化不良或是吸收不良等問題，通常是發生在吃完乳製品後的半小時至兩個小時內，乳糖不耐的症狀像是常見的腹瀉、輕微腹脹等，嚴重的話，有些人甚至會有產氣、腹痛或是嘔吐等症狀，通常嚴重程度與否，取決於一次攝取的量。因此，若有乳糖不耐的人，建議改喝優酪乳或優格，狀況會比較好。另外，也可以少量多次接觸乳製品，身體也會慢慢適應。

　　而市售常見的植物奶，像是豆奶、燕麥奶、杏仁奶等，因為成分皆不含牛奶，故不含乳糖，非常適合有乳糖不耐的人飲用，但因營養成分和乳品有所差異，且在六大類食物的分類上也不同，所以沒辦法取代鮮乳唷！

5 患有高血脂的人可以喝植物奶嗎？

　　我先跟讀者說明，在人體的血液中，體檢報告常見的血脂肪種類分為「膽固醇」及「三酸甘油酯」，其中血液中的總膽固醇又可以細分為低密度脂蛋白膽固醇（LDL-c）以及高密度脂蛋白膽固醇（HDL-c），血液中的總膽固醇含量，四分之一由飲食影響，四分之三則是由身體的肝臟所製造，所以在飲食這個部分，哪些食物比較容易造成總膽固醇以及低密度脂蛋白膽固醇（LDL-c）的上升呢？主要是飽和脂肪含量高的動物性食物，像是紅肉類，特別是豬、牛、羊等肥肉部位，還有烘焙製品，像是麵包、蛋糕、餅乾等所常使用的奶油、酥油等，以及三合一咖啡、奶茶內的奶精，因含有「反式脂肪」，若平時很常攝取這些食物食品，就非常容易造成體內不好的膽固醇濃度上升，進而提高心血管疾病發生的風險。

血脂肪還有另外一類，稱為「三酸甘油酯」，哪些族群血中的三酸甘油酯濃度容易偏高呢？像是時常飲酒、喜歡吃油炸食物、甜食、含糖飲料、精緻澱粉食物（米飯、麵食等），以及水果攝取過量的話，也都會使得血液中的三酸甘油酯濃度上升，所以即使是對身體有益的水果，在攝取過量的情況下，也都足以讓血脂肪失控。因此，平時應該均衡攝取六大類食物（全穀雜糧類、豆魚蛋肉類、蔬菜類、水果類、油脂及堅果種子類、乳品類），不該偏頗某些類別的食物。

此外，透過攝取富含膳食纖維的蔬果及全穀類食物，所含的「膳食纖維」對於血脂肪的調節具有非常重要的影響力！而在植物奶的部分，其中常見的「燕麥奶」屬於全穀雜糧食物，除了有豐富的碳水化合物，還富含膳食纖維，但市售的燕麥奶，老實說燕麥的比例不高，而且會為了口感再經過濾渣的步驟，這將使得燕麥奶內的膳食纖維大幅度降低，因此，若是想要單純藉由市售的燕麥奶來降低膽固醇，調節血脂肪，其實是有困難的，不如直接攝取大燕麥片，對於血脂肪及血糖來說，還比較有幫助。

所以，有高膽固醇血症的人可以喝燕麥奶，但想要靠單喝燕麥奶來降血脂肪，可能效果就會不彰。若是可以，自製燕麥奶反而可以攝取到較多的膳食纖維及營養素唷！

另外，對於患有高血脂的人來說，滿推薦喝「豆奶」，主要因為「豆奶」是大豆植物性蛋白質的來源，不含膽固醇，不影響體內血脂肪的代謝，甚至豆奶內富含的膳食纖維（豆渣）能夠和體內膽固醇結合，從糞便做代謝，進而有助於改善血脂肪的問題。因此，患有三高的人在飲食上多留意節制，搭配運動，並且於運動後來杯豆奶，反而有助於「增肌減脂」唷！

❝ 再者，患有高血脂的人，能不能喝杏仁奶、堅果奶呢？❞

基本上，「杏仁奶」、「堅果奶」都是屬於「油脂及堅果種子類」，但這類植物奶是富含不飽和脂肪酸，且對心血管具有保護作用的好油脂，因此，反而有助於代謝體內不好的血脂肪，幫助調節血脂。只要融入日常六大類食物油脂類的攝取份量，不要過多，在攝取好油脂的同時，也可以避免攝取過多熱量，這就是均衡飲食的最大原則。

❝ 總結，患有高血脂的人當然可以喝植物奶，只要留意攝取量，都沒有問題。❞

6 **患有高血壓的人可以喝植物奶嗎？**

在十大死因排行榜當中，高血壓性疾病竟在前十名之中，可見它是無聲無形的殺手。然而高血壓想要控制得當，必須從改變生活型態做起，從「調整飲食」、「改變生活習慣」及「緩和情緒」三方面著手，而在眾多飲食方法中，對於高血壓的防治及預防的飲食，就屬「得舒飲食 DASH Diet」最被推崇。什麼是「得舒飲食」呢？

得舒飲食有五大原則：

第一 選擇全穀根莖類、雜糧食物。
第二 天天五＋五蔬果（攝取富含鉀、鎂及膳食纖維的蔬果）。
第三 攝取低脂乳。
第四 改吃白肉（雞、魚屬白肉；豬、牛、羊屬於紅肉）。
第五 吃堅果、用好油。

得舒飲食 DASH Diet 這樣吃：

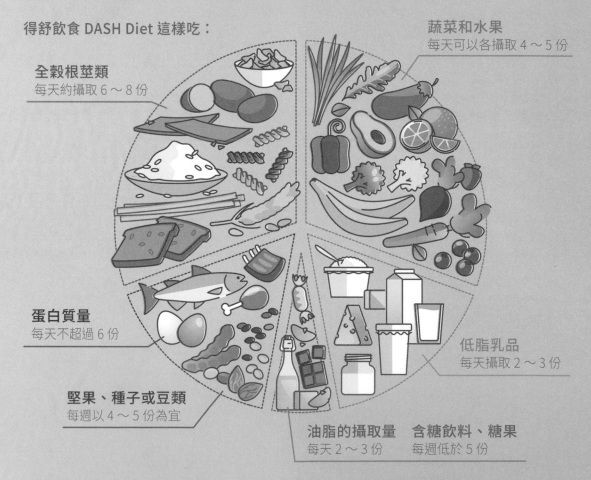

全穀根莖類
每天約攝取 6 ～ 8 份

蔬菜和水果
每天可以各攝取 4 ～ 5 份

蛋白質量
每天不超過 6 份

低脂乳品
每天攝取 2 ～ 3 份

堅果、種子或豆類
每週以 4 ～ 5 份為宜

油脂的攝取量
每天 2 ～ 3 份

含糖飲料、糖果
每週低於 5 份

註 以一天的所需攝取熱量約為 2000 大卡為例，若有意執行得舒飲食，則每天的營養比例建議如上。

根據上述五大原則，再細看常見的植物奶，像是豆奶、燕麥奶、杏仁奶及堅果奶。豆奶屬於豆魚蛋肉類食物，雖然得舒飲食並未明確點出大豆對於血壓調節的好處，但以大豆本身的營養成分來看，豐富的「卵磷脂」能夠使血管壁恢復彈性，有助於血壓的調節，所以患有高血壓的人，營養師還是會建議飲食中的蛋白質食物來源一半來自植物性蛋白質為佳，當然可以喝豆奶囉！

　　另外，患有高血壓的人可不可以喝燕麥奶？根據得舒飲食的建議原則，非常鼓勵患有高血壓的人以全穀根莖類、雜糧食物為主食，減少精緻澱粉的攝取，主要是因為全穀雜糧食物富含維生素 B 群、鎂、膳食纖維等營養素，有助於血壓的調節及穩定，所以「燕麥奶」是可以喝的。但若能自製燕麥奶更好，因為可以保留更多膳食纖維，體驗膳食纖維帶給身體的益處。

　　至於「杏仁奶」、「堅果奶」，患有高血壓的人可以喝嗎？當然可以！得舒飲食更是很明確地說明，要「吃堅果、喝好油」，而杏仁奶就是由「杏仁果」攪打而來。無論是杏仁果或是無調味的綜合堅果，都富含不飽和脂肪酸，能夠保護心血管。除此之外，更含有維生素 E、植物性蛋白質、多種礦物質、微量元素以及膳食纖維，營養密度高，對高血壓患者而言，可以提升整體的健康程度，更有利於血管的保養，所以患有高血壓的人可以喝「杏仁奶」、「堅果奶」絕對沒問題。

7 **患有糖尿病的人可以喝植物奶嗎？**

患有糖尿病的人，飲食方面需要留意的部分在於「總醣類」的攝取份量，因為這是最直接影響血糖控制好不好的因素之一。另外，其他的食物搭配也很重要，譬如每餐至少都要有一個掌心大小的豆魚蛋肉類食物，以及比主食還要多的蔬菜份量，至少要有半碗以上的蔬菜量（半碗煮熟蔬菜為一份），以及像是水果的攝取量是否拿捏好等等，這些都會影響血糖的整體控制。

所以糖尿病患能不能喝植物奶？

基本上是可以的，但前提是「無添加糖的植物奶」才可以喝唷！添加精製糖的植物奶等同含糖飲料，對糖友來說非常不利，一旦喝下去，血糖會快速上升。所以，首先在挑選上請留意有無添加精製糖，若是能夠自製，就不要添加精製糖，或是換成低升糖指數的「機能性糖」，像是赤藻糖醇、果寡糖等，想要更清楚了解「機能性糖」對血糖的影響，請詳見「喝植物奶若想加些糖調味，可以嗎？如何挑選好糖？」（詳見 P.24）

再者，糖友對於食物的分類必須非常清楚，如此一來才能做同類別食物份量的調整。常見的植物奶如豆奶、燕麥奶、杏仁奶，這三種植物奶在六大類食物的分類上就有所不同，「豆奶」屬於豆魚蛋肉類，只要未調味，基本上無糖豆奶非常適合糖友飲用；至於「燕麥奶」，在六大類食物的分類上為「全穀雜糧類」，也就是澱粉食物，所以若拚命喝燕麥奶，可想而知血糖很容易失控，尤其是市售燕麥奶，都經過濾渣的製程步驟，含有的膳食纖維含量非常少，無法延緩血糖的上升。若是自製的燕麥奶，只要是使用馬力良好的果汁機（或食物調理機），燕麥奶可以攪打得非常細緻，不需要經過濾渣的步驟，反而可以保留較多的膳食纖維（像是 β-葡聚糖等），在適量攝取下，留意其他食物的搭配，反而能夠穩定血糖的上升唷！另外，若糖尿病患喝的是「杏仁奶」，由於「杏仁奶」屬於油脂及堅果種子類，所以只要無添加糖調味的杏仁奶，留意攝取量，就會是攝取到好油脂的健康飲品。

如何在家自製植物奶？

在家中也可以透過簡單的步驟，完成好喝又營養的植物奶。

製作植物奶有幾個重要步驟，以下與大家分享，關於更多詳細的細節，可以參考後續的食譜及製作流程：

A • 食材浸泡

植物奶的第一個步驟「食材浸泡」很重要，主要是要讓植物食材的細胞壁或纖維質能夠吸水軟化，這個步驟有利於第二步驟「攪打」的進行，所以無論是燕麥奶或杏仁奶、堅果奶的製備，都需要如此；此外，有些植物食材，像是穀類，因含有植酸等物質，容易於體內和一些礦物質結合，進而影響礦物質的吸收，但經過「浸泡」的步驟後，植酸會釋出於水中，要經過下個步驟時，記得替換乾淨的開水攪打。

至於「豆奶」，由於現在智慧型「豆漿機」盛行，大多可以省略泡豆的步驟，如此一來就可以省下更多寶貴的時間囉！但若家中沒有豆漿機也沒關係，透過泡豆的步驟，讓大豆吸飽水，蒸煮過後，進入第二步驟攪打的階段，就會讓豆奶打得更加細緻，喝起來也會更順口。

有些食材本身就是即食，像是燕麥片、堅果等，經過一段時間浸泡後，可以加入乾淨的開水進入第二階段「攪打」；但有些食材是生的，像是「燕麥粒」、「黃豆」、「各式穀類及豆類」等，經過浸泡後，還需要「煮熟」，才可以進入到下個步驟，這個部分非常重要喔！若是想要先打成

漿，也記得之後要煮滾煮熟才可以食用，像是大豆本身含有「胰蛋白酶抑制劑」，如果直接生食豆漿，可能使我們體內的胰蛋白酶的作用被抑制，造成蛋白質消化不良，因此需要經過加熱煮熟、煮滾，使大豆內的胰蛋白酶抑制劑受熱破壞，才不會對蛋白質的消化產生影響。另外，不是只有大豆含有胰蛋白酶抑制劑，像是鷹嘴豆、皇帝豆等，都需要充分加熱才可以食用。

B ▪ 運用果汁機（或食物調理機）均勻攪打

這個步驟「攪打」，其實和「機器、設備」的性能有很大的關係，因為攪打出來的成品攸關「口感」，現在的果汁機（或食物調理機）、攪打機、豆漿機等設備技術相當純熟，幾乎可以攪打到狀態很不錯，比較差一點可能還是會有一點沙沙的口感，若是還可以接受，我覺得就沒有必要花大錢再買一台擺在家裡廚房，現在家庭人口少，若設備佔空間、重量很重，搬來搬去，反而會越來越不想使用，所以機器設備的部分，營養師就留給讀者自己做選擇了！若是家中有稚嫩還在吃副食品的嬰幼兒，或是腸胃消化吸收較弱的高齡長輩，就建議買一台性能較好，攪打出來的成品口感綿細、滑順，不需再經過濾渣的步驟，就非常完美了！

── 真心推薦 ─

Blendtec 食物調理機

想要在家製作植物奶，一台順手好用的攪打機器少不了。

「工欲善其事，必先利其器」，市面上果汁機、調理機、慢磨機等，不僅價格從幾百元到幾萬元；功能更是從陽春的攪打到食材放入一鍵按到底就有熱熱的飲品可以喝、強調可完整保留食物活營養等，令人眼花撩亂的機器到底該選哪個好？

全球最安全的高效能調理機──Blendtec，超厚 4 英吋不鏽碳鋼強力鈍刀，搭配史上最強 3.0 匹高速馬力，不論是冰沙、果汁、沾醬、濃湯，或是麵團，都能一機輕鬆為你搞定！做起植物奶非常方便，不僅可以將食材攪打完全，成品口感更是綿細、滑順，完全不需再經過濾渣的步驟。

C ‧ 濾渣

　　這個步驟老實說可有可無，怎麼說呢？因為「濾渣」多半是為了「口感」，但是這些渣渣難道真的是我們人體所不需要的嗎？先來說說這些渣渣物質，主要的成分是「膳食纖維、礦物質、微量元素」等，現代人十個人裡面僅有一人的蔬果攝取達到建議攝取量，九成以上的人膳食纖維攝取不足，而膳食纖維不單只存在於蔬菜水果，「全穀雜糧及豆類」的膳食纖維含量非常豐富，甚至連「堅果種子食物」裡頭也含有約 5 ～ 10% 的纖維含量，所以站在營養角度，若攪打的設備可以將植物奶打到綿細，就真的不建議再經過濾渣的步驟。製作植物奶的同時，盡可能減少過度的加工步驟，保留食物最初的營養，將滿滿的膳食纖維一起喝下，相信可以為健康帶來更多益處，對於患有三高的人來說，更是如此喔！

　　因此，透過上述的 2 ～ 3 步驟，可以製作出好喝的植物奶，至於是否要調味就看個人，關於「糖」的種類與使用方式，請詳見「喝植物奶若想加些糖調味，可以嗎？如何挑選好糖？」（P.24）。製作好的原味植物奶，除了單純做成飲品，還能進一步做成各式「植物奶特調」，像是抹茶豆奶、桂圓堅果奶、香蕉燕麥奶等；植物奶也可以做成「燉飯」、「烘焙點心」，像是南瓜雞肉堅果燉飯、肉桂捲、芒果豆奶奶酪、伯爵豆香戚風蛋糕等；另外，一定要跟大家介紹，植物奶也可以做成濃湯，當「植物奶」碰上「白木耳」，可以做成超好喝且無添加勾芡的「濃湯」，像是洋蔥燕麥濃湯、蒜香堅果濃湯等，營養滿分，更是適合牙口狀況不佳的長輩食用；還有，常見的植物奶「豆奶、燕麥奶、杏仁奶」，從營養成分來看，各自屬於不同食物分類，喝起來的口感、味道、香氣也各有不同，運用在料理或烘焙上，最主要是風味會不一樣，那可不可以互換呢？在製作上當然可以互換，但從營養角度來看，互相替換的意義不同，也會影響到料理及烘焙成品的三大營養素比例及熱量。但老實說你不太可能餐餐吃蛋糕，所以當你要製作「豆香全麥戚風蛋糕」時，原本應該用豆奶，但剛好冰箱內的豆奶用完了，可否換成用燕麥奶或堅果奶呢？當然沒問題！還可能因此做出不同風味的點心，許多料理及烘焙其實是來自不經意的創意及創新，希望在看完這本書之後，也能激發出您滿滿的料理點子！

　　更多關於植物奶的延伸料理及烘焙點心食品，請翻閱 Part2 ～ Part4 單元。

9 喝植物奶若想加些糖調味，用什麼糖比較好？

製備好的植物奶，嚐起來有淡淡的燕麥香氣、豆香味、杏仁堅果香氣，有些人不習慣喝這麼無味的植物奶，希望能多少加些糖調味，但是含糖的植物奶算是含糖飲品，不僅除了攝取的熱量會增加，也容易造成肥胖、蛀牙等，同時血糖也會失控。衛福部早在 106 年 5 月公布，精製糖的攝取建議佔總熱量的 10%，相較於美國的 5%，台灣還是相對寬鬆，以 1600 大卡的總熱量來計算，每日精製糖的攝取量應低於 40 公克，而一杯未調整甜度的珍珠奶茶，糖量高達 70 公克，遠超過建議的攝取量。因此，這幾年陸續出現了許多可以用來替代砂糖（精製糖）的糖，統稱為「代糖」。

大家聽到「代糖」，就會直接聯想到「阿斯巴甜」，若以原料的來源做區分，代糖主要分成「非營養性代糖（化學合成）」以及「營養性代糖」兩大類，像是可口可樂所添加的「阿斯巴甜」，就是非常常見的「非營養性代糖」（人工甜味劑），不具任何營養價值，一點點的添加量就會非常甜。動物研究發現，在「長期」且「大量」的攝取之下，恐會提高罹癌風險，但臨床試驗並未發現此結果，所以姑且不要自己嚇自己。但是，倒是有研究發現，太常食用人工甜味劑的話，容易影響腸道的菌相，或是對甜味會更加渴望！

因此，我也不鼓勵大家為了控糖，改用人工甜味劑當作取代砂糖的來源。書中食譜使用的糖，不論冰糖、二砂或細砂糖皆可，但是我想與大家分享個人覺得還不錯的「好糖」，大家可以視情況酌量取代使用，不僅穩定血糖，還可以稍微滿足一下口慾。

A ▪ 椰棕糖

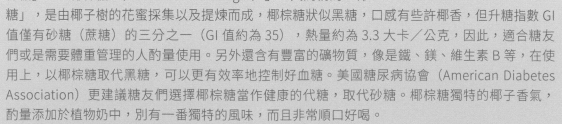

大家以往對於「黑糖」的印象是溫補的好糖，但以升糖指數來看，黑糖的升糖指數高達 93，屬於高升糖指數的糖類，很容易升高血糖，所以不適合控醣飲食的人或是糖尿病患食用，因此，我會建議讀者若想要調味的話，可以使用「椰棕糖」。「椰棕糖（Coconut Palm Sugar）」，又簡稱為「椰糖」，是由椰子樹的花蜜採集以及提煉而成，椰棕糖狀似黑糖，口感有些許椰香，但升糖指數 GI 值僅有砂糖（蔗糖）的三分之一（GI 值約為 35），熱量約為 3.3 大卡／公克，因此，適合糖友們或是需要體重管理的人酌量使用。另外還含有豐富的礦物質，像是鐵、鎂、維生素 B 等，在使用上，以椰棕糖取代黑糖，可以更有效率地控制好血糖。美國糖尿病協會（American Diabetes Association）更建議糖友們選擇椰棕糖當作健康的代糖，取代砂糖。椰棕糖獨特的椰子香氣，酌量添加於植物奶中，別有一番獨特的風味，而且非常順口好喝。

另外，建議適量使用，不要因為椰棕糖屬於低升糖指數而大量使用，攝取過多依舊會囤積成脂肪而變胖喔！

B ‧ 赤藻糖醇

赤藻糖醇，是一種四個碳的糖醇類，在自然界中存在於水果及菇類，也存在於許多發酵產品，但濃度通常很低。目前食品工業上係由葡萄糖或蔗糖經過酵母菌發酵而成。赤藻糖醇的甜度約為蔗糖的 60 ～ 70%，且熱量幾乎為「0 大卡」，更是讓許多嗜甜但又想控制體重的女性趨之若鶩，這幾年有許多人將其運用在甜點之中，但因赤藻糖醇吃起來有清涼感，用於烘焙製品並不是那麼合適，如果少量使用，清涼感不是那麼明顯，或許可以使用，但若是在夏天要製作清涼的果凍（像是仙草凍、檸檬愛玉等）或是冷飲，選用赤藻糖醇就非常適合，也符合其清涼感的特性。

另外，赤藻糖醇跟其他糖醇類的每日使用量差異不大，盡量不要超過 50 公克／天，攝取過量可能會有腸胃道不適或腹瀉等影響。

C ‧ 麥芽糖醇

麥芽糖本身為雙醣，係由兩個葡萄糖（單醣）所構成，而「麥芽糖醇」則是經由麥芽糖在高壓下加氫製成的一種糖醇類，因具有獨特的功能性，在日本、美國、歐洲等國家皆已廣泛地推廣使用。

「麥芽糖醇」本身的口感和蔗糖類似，但甜度是蔗糖的 80%，1 公克的蔗糖可提供 4 大卡的熱量，而麥芽糖醇僅提供 2 大卡，且由於麥芽糖醇在小腸的吸收特別緩慢，不太會造成血糖上升，因此，適合糖尿病患及需要控制體重的民眾適量使用，但不宜大量食用（每日食用量 50 公克以下），和赤藻糖醇一樣，容易造成腹瀉的情形產生。此外，麥芽糖醇等這些糖醇類的甜味劑，由於無法被口腔內的細菌利用，因而可以預防齲齒的發生。麥芽糖醇可溶解於 48.9°C以上的熱水，和蔗糖一樣烘焙之後有梅納反應（簡言之就是醣類和蛋白質產生反應，如蛋糕烘烤後的烤色），因此，麥芽糖醇可用於烘焙製作的領域，但因為一般酵母菌是利用葡萄糖、麥芽糖等糖類進行發酵，所以若使用麥芽糖醇製作歐式麵包或饅頭，則會建議使用「低糖酵母」，較不影響酵母發酵的過程，也會發酵得較好。

另外，麥芽糖醇也可以用於蛋糕類的烘焙製作，像是做戚風蛋糕的步驟中，打發蛋白是必要步驟，而麥芽糖醇反而會讓打發的蛋白更加穩定，不易消泡，因此，越了解糖之後，會更清楚地將不同的糖運用於適合的領域。「麥芽糖醇」因為沒有像赤藻糖醇一樣的清涼感，所以是我很常在烘焙時，用以取代砂糖的甜味劑，當然也可以運用於冷飲及熱飲的植物奶調味上。

D ▪ 異麥芽寡糖

「異麥芽寡糖」，一般民眾對它應該滿陌生，但一直有在關注「腸道免疫營養」的人，應該曾聽過它。腸道益生菌若要長得好，需要有食物的供給，而好菌的食物「益生質」，就是一些寡糖，其中像「異麥芽寡糖」就可以當作益生菌的食物。異麥芽寡糖是以食用澱粉為原料，利用生物科技，以酵素移轉工程的技術研發所產製而成的一種「機能性寡糖」，食用之後，可以直接被好菌（像是雙叉桿菌、乳酸菌等）利用，進而增殖。而益生菌所代謝的產物，像是乳酸、醋酸等，不僅可以降低腸道 pH 值，也有助於腸道蠕動，此外，還能抑制有害菌的生長及繁殖，進而做好腸道的體內環保，改善腸道菌相，提升整體的免疫力。

異麥芽寡糖口感和糖粉類似，但甜度約是砂糖的 50%，可以用來取代砂糖的使用，每公克可以提供約 2 大卡熱量，屬於「低熱量的機能性好糖」。難得吃糖還能有益身體健康，吃糖都吃得心安理得了呢！而且，異麥芽寡糖對於血糖上升及胰島素分泌沒有太大影響，對糖尿病友來說，真是個很不錯的替代糖，能夠用於食品添加、飲品、甜湯、點心烘焙等，冷熱飲皆適合，只是費用會比砂糖高出許多，目前販售也未普遍，這的確是個缺點。若是無法戒甜食的糖友們，即使價格貴，但在少量使用的情況下，還是可以對自己的健康好一點！建議成人初期使用：15 ～ 35 公克／天；小孩：5 ～ 15 公克，攝取時仍要酌量喔！攝取過多的話，還是會變胖，而且腸胃也會咕嚕咕嚕地叫，腹脹甚至排便會變稀喔！

備著機能性好糖，吃無糖優格覺得好酸的時候，我就會添加一些異麥芽寡糖，除了可以稍微調味，更有助於腸道益生菌的生長。此外，除了異麥芽寡糖，「果寡糖」也是同屬於「寡糖類」的機能性好糖唷！

10　購買市售植物奶的挑選原則？

有時間自製植物奶的人，可以依照書裡介紹的食譜及詳細的製作步驟，輕鬆完成各種植物奶；但若是工作繁忙的人或是三餐外食族，沒辦法自己製作植物奶，俐岑也提供一些關於市售植物奶的挑選原則給大家參考：

有時間自製植物奶的人，可以依照書裡介紹的食譜及詳細的製作步驟，輕鬆完成各種植物奶；但若是工作繁忙的人或是三餐外食族，沒辦法自己製作植物奶，俐岑也提供一些關於市售植物奶的挑選原則給大家參考：

第一　盡量選擇原料成分單純

市售植物奶往往會為了口感而添加一些食品添加物，像是膠體之類的成分，來增加濃稠度及營造出滑順的口感，或是添加香料來增添植物奶的香氣。像是市售的燕麥奶幾乎都添加菜籽油，因為可以降低分層的問題，也可以讓一些咖啡店用來做咖啡的拉花。但如果只想要喝純粹的燕麥奶，其實不需要挑選添加有油脂的燕麥奶，應該盡可能不要單純只靠口感來選擇產品，多著重於營養成分上的挑選，原料成分越單純越好，越少食品添加物越好。此外，也要認清純粹的燕麥奶放久了本來就會有分層的問題，會有膳食纖維沉積於瓶底，建議均勻搖晃後再飲用，就可以攝取到燕麥奶豐富的營養及纖維囉！

第二　無添加砂糖（或蔗糖）

選擇無添加精製糖的植物奶，更可以享用到最純粹的口感，過度調味會掩蓋植物奶獨特的香味，攝取過多的精製糖會對健康有負面的影響。因此，喝植物奶是希望能對健康加點分，但若喝了添加精製糖的植物奶，說穿了只是一般好喝的適口性飲品而已，若你對甜味有更多認識的話，有許多對健康影響較小的糖可以用來取代砂糖或蔗糖，像是椰棕糖、寡糖、糖醇等，但不代表可以大量使用，建議上少量調味即可，也可以避免對甜味上癮。試著喝無添加糖的植物奶吧！相信你會漸漸愛上它的純粹，以及它為健康所帶來的一些益處。當然坊間大部分的植物奶多是有含糖的成分，但即使是同廠牌，還是有「無添加糖」的植物奶，儘可能選擇該廠牌中的無糖口味，是較好的選擇。

第三　留意熱量及三大營養素

特殊族群的朋友，像是患有糖尿病、高血脂的人，或是需要體重管理的人，都需要特別留意營養標示內的熱量及三大營養素，是否符合自己的需求。像是糖友的話，就要留意碳水化合物以及糖的含量，必須算入於一整天的總醣量計算，否則一不留意，就很容易讓血糖失控。此外，像是需要體重管理的人，也要留意熱量、脂肪及糖量，一天好幾杯植物奶當水喝的話，也很有可能越喝越胖喔！

以上三大原則可以幫助大家在挑選市售植物奶時有一些方向，市售的植物奶也可以進一步做成植物奶特調，或是植物奶的料理、烘焙製品及點心，用量可以直接參考後面食譜的份量。

市售的植物奶飲品，大部分除燕麥奶含有麩質外（也有商品將燕麥奶的麩質去除），其餘系列產品皆無麩質、無乳糖、無牛奶蛋白、非基改等優點，對於有「乳糖」不適者、或對「麩質」過敏會腸胃敏感者，都非常適合。

PART 2
營養的飲品

各式各樣、營養滿分的
植物奶飲品

經典原味豆奶

> 黃豆加水煮沸、磨製成豆漿，即是豆奶或豆乳。黃豆又名「大豆」，屬於植物性蛋白質，六大類食物中的豆魚蛋肉類，為建議攝取蛋白質豐富食物的優先順序之首位，更加凸顯它的重要性。參考台灣地區營養成分資料庫分析，以一份黃豆的份量為 20 公克計，熱量約為 81.8 大卡、醣類 6.5 公克、蛋白質 7.2 公克、脂質 3.0 公克，豐富的植物性蛋白，能夠讓身體有效利用，合成免疫細胞，提升免疫力，減少肌肉流失，預防肌少症的發生，對於想要增肌減脂的人來說，是很好的蛋白質來源。此外，黃豆更含有豐富的膳食纖維、卵磷脂、大豆異黃酮等成分，對於人體的生理機能具有調節作用。

濃郁豆奶自己在家做，
簡單又營養，幾分鐘快速上桌！

COOL

經典原味豆奶

效果
具有飽足感、調節血膽固醇、幫助肌肉合成、預防肌少症、幫助排便、維持良好腸道機能。

食材份量（2 人份）

黃豆乾豆 40 公克、涼開水 500 毫升、少許糖（可使用椰棕糖或省略）

器具

電鍋、果汁機（或食物調理機）

步驟

1. 取一乾淨缽碗，放入黃豆乾豆及蓋過黃豆的開水份量。

2. 於冰箱冷藏浸泡 3 ～ 4 小時（或是睡前浸泡一晚），倒掉浸泡的水，取出黃豆，加入蓋過黃豆的水量，放置於電鍋內蒸熟備用。

3. 將蒸熟的黃豆取出，置於果汁機（或食物調理機）中，加入涼開水 500 毫升攪打成豆漿備用。（若是使用專用的豆漿機，就可以省略泡豆、蒸熟的步驟）

4. 將豆漿冷藏後，倒入杯中，加入少許糖（或椰棕糖）調味即可享用。

營養師筆記

❶ 黃豆泡過蒸熟再煮豆漿，生豆味較少。再者，如果是用生豆打豆漿，切記一定要煮熟，因為生豆漿中含有「抗胰蛋白酶」，會降低胃液消化蛋白質的能力，只有加熱至 100℃才能被破壞。 所以，豆漿一定要真正煮沸才能喝。用蒸熟的黃豆打豆漿，就可省略這個疑慮。

❷ 外面市售的豆奶大多已經過濾掉「豆渣」，以豆渣的營養成分來看，含水量高達 85%、蛋白質 3%、脂肪 0.5%、醣類 8%，其中更含有豐富的寡糖、膳食纖維，以及鈣、磷、鐵等礦物質，因此，「喝豆奶不濾渣」反而是一種更健康養生的方式。

❸ 有血糖的人，調味的糖建議選用「低升糖指數（低 GI）」的糖，像是赤藻糖醇、異麥芽寡糖、椰棕糖等。這款經典原味的豆奶即使不加任何糖，喝起來也有淡淡的豆奶香氣，非常順口。

❹ 此款豆奶，也可以等水量的熱開水攪打成熱飲享用。

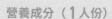

營養成分（1 人份）

品項	熱量（大卡）	醣類（公克）	蛋白質（公克）	脂質（公克）
經典原味豆奶	81.8	6.5	7.2	3.0

抹茶
豆奶

> 充滿淡淡茶香味的抹茶，想不到對身體還有許多強大的功效。抹茶粉是以具甘甜味且香氣足的春茶製成，由於是將整片茶葉磨製而成，所以可以攝取到更完整的營養素。抹茶含有高達五倍的茶胺酸，能夠對抗焦慮，幫助放鬆心情。此外，茶胺酸也能夠抑制神經亢奮，幫助情緒冷靜，並且促進多巴胺及血清素的製造，有助於穩定情緒、擁有好心情，更能夠提升記憶力及專注力！此外，抹茶的維生素 A 及膳食纖維的含量，甚至是菠菜的好幾倍，能夠幫助腸道蠕動之外，對於眼睛及黏膜層也有保護效果。

抹茶控的你，
絕對不能錯過抹茶豆奶！

COOL × HOT
抹茶豆奶

效果
放鬆心情、抗老化、
視力保健、幫助排便、
維持良好腸道機能。

食材份量（2 人份）

黃豆乾豆 40 公克、涼（或熱）開水
500 毫升、COOL 冰塊適量、抹茶粉
10 公克、少許糖（或寡糖）調味

器具

電鍋、果汁機（或食物調理機）

步驟

————————————————————COOL

1. 取一乾淨缽碗，放入黃豆乾豆及蓋過黃豆的開水份量。

2. 於冰箱冷藏浸泡 3 ～ 4 小時（或是睡前浸泡一晚），倒掉浸泡的水，取出黃豆，加入蓋過黃豆的水量，放置於電鍋內蒸熟，取出後放涼，置於果汁機（或食物調理機）中，再加入涼開水 500 毫升，攪打成涼豆漿備用。（若是使用專用的豆漿機，就可以省略泡豆、蒸熟的步驟）

3. 涼豆漿放入杯中，加入抹茶粉攪勻，以少許糖（或寡糖）調味，再加入冰塊即可享用。

————————————————————HOT

1. 取一乾淨缽碗，放入黃豆乾豆及蓋過黃豆的開水。

2. 於冰箱冷藏浸泡 3 ～ 4 小時（或是睡前浸泡一晚），倒掉浸泡的水，取出黃豆，加入蓋過黃豆的水量，放置於電鍋內蒸熟，取出後置於果汁機（或食物調理機）中，加入熱開水 500 毫升，攪打成熱豆漿備用。（若是使用專用的豆漿機，就可以省略泡豆、蒸熟的步驟）

3. 熱豆漿放入杯中，加入抹茶粉攪拌均勻，以少許糖（或寡糖）調味，即可享用。

營養師筆記

這款抹茶豆奶，除了使用一般的糖，營養師還建議可以使用少許寡糖而非椰棕糖調味，主要是因為寡糖較不會搶走抹茶的香氣及味道，另外，寡糖搭配上抹茶的膳食纖維，有助於讓腸道的菌相更為良好。

營養成分（1 人份）

品項	熱量（大卡）	醣類（公克）	蛋白質（公克）	脂質（公克）
抹茶豆奶	83.0	6.8	7.2	3.0

COOL

可可豆奶

效果
預防心血管疾病、提
升腦部認知功能、預
防貧血、維持良好腸
道機能。

食材份量（**2** 人份）

黃豆乾豆 **40** 公克、涼開水 **500** 毫升、
無糖可可粉 **10** 公克、少許糖（可使
用寡糖或省略）

器具

電鍋、果汁機（或食物調理機）

步驟

1. 取一乾淨缽碗，放入黃豆乾豆及蓋過黃豆的開
   水份量。

2. 於冰箱冷藏浸泡 3 ～ 4 小時（或是睡前浸泡一
   晚），倒掉浸泡的水，取出黃豆，加入蓋過黃
   豆的開水，放置於電鍋內蒸熟備用。

3. 蒸熟的黃豆置於果汁機（或食物調理機）中，
   加入涼開水 500 毫升攪打成豆漿備用。（若
   是使用專用的豆漿機，就可以省略泡豆、蒸熟
   的步驟）

4. 將豆漿冷藏後，倒入杯中，加入無糖可可粉攪
   拌均勻，以少許糖（或寡糖）調味，即可享用。

營養師
筆記

1 可以將豆漿加熱，再加入無糖可可粉，做成熱飲享用。

2 豆漿和可可很搭，喜歡可可的讀者千萬別錯過這濃純的好口味。

3 寡糖的好處請見 P.26。

營養成分（1 人份）

品項	熱量（大卡）	醣類（公克）	蛋白質（公克）	脂質（公克）
可可豆奶	100.2	11.9	9.3	3.8

可可豆奶

> 可可含有高濃度的多酚及類黃酮（如槲皮素）物質，是其苦澀味的來源，但也因為這些獨特的植物化學成分，使其抗氧化能力高於茶葉，對身體具有抗發炎的作用。另外，可可的黃酮類成分能夠提升腦部認知能力，其中的多酚類不僅是抗氧化物質，對腦神經也具有保護作用。可可內所含的黃烷醇，能夠幫助血管擴張，防止血栓形成，改善血管內皮的功能，不僅能夠調節血壓，更能減少心血管病變發生的風險。此外，可可含有豐富的礦物質，像是鎂、銅、鉀和鐵，對於有貧血問題的人來說，適合當作補充鐵質的飲品，預防貧血發生。
>
> 建議選擇無糖的可可粉或磨碎的可可豆，對身體的幫助會比吃含糖巧克力好喔！

每天來杯可可豆奶，不僅給你好心情，且能護腦又護心。

HOT
拿鐵豆奶

效果

調節血壓、預防心血管疾病、維持良好腸道機能。

食材份量（2 人份）

黃豆乾豆 40 公克、熱開水 500 毫升、濃縮咖啡粉 4 公克

器具

果汁調理機、鍋具

步驟

1. 取一乾淨缽碗，放入黃豆乾豆及蓋過黃豆的開水份量。

2. 於冰箱冷藏浸泡 3～4 小時（或是睡前浸泡一晚），倒掉浸泡的水，取出黃豆，加入蓋過黃豆的水量，放置於電鍋內蒸熟，取出後置於果汁機（或食物調理機）中，加入熱開水 500 毫升，攪打成熱豆漿備用。（若是使用專用的豆漿機，就可以省略泡豆、蒸熟的步驟）

3. 杯中放入濃縮咖啡粉，將熱豆漿倒入杯中，攪拌均勻即可享用。

營養師
筆記

① 濃縮咖啡粉 2 公克約可以搭配熱開水 250 毫升泡成黑咖啡，若是使用熱豆奶 250 毫升話，就可以泡成拿鐵豆奶。

② 每天咖啡因的建議攝取量不得超過 300 毫克，若有睡眠問題的人，請多加留意咖啡的攝取量，或是下午之後不宜再喝咖啡，以免影響夜間睡眠品質。

營養成分（1 人份）

品項	熱量（大卡）	醣類（公克）	蛋白質（公克）	脂質（公克）
拿鐵豆奶	81.8	6.5	7.2	3.0

早晨來一杯拿鐵豆奶，
提神醒腦控血壓！

拿鐵豆奶

早晨喝杯拿鐵，已經是很多現代人的習慣了。但對於許多喝牛奶會乳糖不耐而腹瀉的人來說，想要喝些拿鐵，可能都會因為喝了會腹瀉而卻步，若是將鮮奶換成豆奶，就可以輕鬆解決這個窘境。但必須再次跟讀者說明，鮮奶替換成豆奶，不是因為營養價值相同而替換，而是這麼做不僅不會因為乳糖不耐而腹瀉，加上豆奶屬於植物性蛋白質，不會有膽固醇對身體的影響，對素食者來說更是一大福祉。

咖啡本身含有咖啡因及鉀離子，能夠幫助提神之外，還有助於水分代謝，再加上豆奶含有豐富的卵磷脂，能使血管恢復彈性，拿鐵豆奶對高血壓族群來說，是個相當不錯的健康飲品。

南瓜堅果豆奶

好澱粉、好油脂、
好蛋白質集結於一杯！

> 南瓜屬於六大類食物的全穀雜糧食物，是根莖類澱粉，參考台灣地區營養成分資料庫分析，以一份南瓜（帶皮）的份量為 85 公克計，熱量約為 54 大卡，其中蛋白質 2.0 公克、脂質 0.2 公克以及醣類 12 公克，富含多種維生素、礦物質及膳食纖維，搭配上好油脂代表的綜合堅果及優質蛋白質的豆奶，非常適合在早晨來一杯，營養密度絕對高過於以麵包、鐵板麵當早餐，而且均衡營養，豐富的膳食纖維也能夠穩定血糖、調節血脂肪，帶給我們飽足感，也有助於體重管理的人飲用唷！

COOL × **HOT**

南瓜堅果豆奶

效果
具有飽足感、調節血脂肪、穩定血糖、體重管理、幫助排便、維持良好腸道機能。

食材份量（**2**人份）

黃豆乾豆 **30** 公克、南瓜（帶皮）**40** 公克、無調味綜合堅果 **10** 公克、涼（或熱）開水 **500** 毫升、**COOL** 冰塊適量

器具

電鍋、果汁機（或食物調理機）

步驟

—————————————COOL

1. 南瓜帶皮、洗淨、切塊備用。

2. 取一乾淨缽碗，放入黃豆乾豆及蓋過黃豆的開水份量。

3. 於冰箱冷藏浸泡 3 ～ 4 小時（或是睡前浸泡一晚），倒掉浸泡的水，取出黃豆，加入蓋過黃豆的水量，放置於電鍋內，而南瓜則是裝於另一個盤內，一同置於電鍋內蒸熟。

4. 兩者蒸熟放涼後，置於果汁機（或食物調理機）中，放入無調味堅果，再加入涼開水 500 毫升攪打均勻，倒入杯中，再加入冰塊即可享用。（若是使用專用的豆漿機，就可以省略泡豆、蒸熟的步驟）

—————————————————**HOT**

1. 南瓜帶皮、洗淨、切塊備用。

2. 取一乾淨缽碗，放入黃豆乾豆及蓋過黃豆的開水份量。

3. 於冰箱冷藏浸泡 3 ～ 4 小時（或是睡前浸泡一晚），倒掉浸泡的水，取出黃豆，加入蓋過黃豆的水量，放置於電鍋內，而南瓜則是裝於另一個盤內，一同置於電鍋內蒸熟。

4. 兩者蒸熟後，直接置於果汁機（或食物調理機）中，放入無調味堅果，再加入熱開水 500 毫升，攪打均勻，倒入杯中即可享用。（若是使用專用的豆漿機，就可以省略泡豆、蒸熟的步驟）

營養師筆記

此款南瓜堅果豆奶因為南瓜本身帶有甜味，不需要再額外添加糖調味，搭配無調味堅果和黃豆，就是一款營養非常均衡的健康飲品囉！

營養成分（**1**人份）

品項	熱量（大卡）	醣類（公克）	蛋白質（公克）	脂質（公克）
南瓜堅果豆奶	108.8	9.2	6.8	5.0

薑汁豆奶

> 薑是一種薑科植物，也是藥用植物，具有獨特的辛辣味，可說是廚房內不可缺少的調味料、配菜等。薑本身蘊含多種營養素，包括膳食纖維、胡蘿蔔素、維生素 B 群、維生素 A、維生素 C、鈣、鉀、鎂、鐵、磷、硒等，以及多種獨特的微量營養素，如薑辣素、薑酮及薑烯酚等揮發性物質，能夠提升免疫力，減少病毒入侵的機會。除此之外，薑可以促進腸胃消化功能，緩解胃部不適，提高食慾；也能促進身體整體循環，散熱去寒，提高體溫，提升新陳代謝，幫助末梢循環。

冷冷的寒冬，來杯薑汁豆奶，暖暖身子好舒服！

HOT
薑汁豆奶

效果
幫助消化、提升免疫力、促進身體循環、提升新陳代謝。

食材份量（**2**人份）

豆奶材料

黃豆乾豆 **40** 公克、熱開水 **500** 毫升

薑汁材料

薑片 **20** 公克、開水 **200** 毫升、
少許糖（可使用椰棕糖或省略）

器具

果汁機（或食物調理機）、鍋具

步驟

1. 取一小鍋滾水、下薑片，煮到薑味出來後，加入少許糖調味，薑汁即完成。

2. 取一乾淨缽碗，放入黃豆乾豆及蓋過黃豆的開水份量。

3. 於冰箱冷藏浸泡 3 ～ 4 小時（或是睡前浸泡一晚），倒掉浸泡的水，取出黃豆，加入蓋過黃豆的水量，放置於電鍋內蒸熟備用。

4. 將蒸熟的黃豆取出，置於果汁機（或食物調理機）中，加入熱開水 500 毫升攪打成熱豆漿備用。（若是使用專用的豆漿機，就可以省略泡豆、蒸熟的步驟）

5. 熱豆漿放入杯中，加入適量薑汁攪拌，即可享用。

營養師筆記

未使用完的薑汁，可以密封冷藏保存 3 ～ 5 天，要使用時再加熱，就可以添加入豆奶或是各種植物奶，製成健康飲品。

營養成分（**1**人份）

品項	熱量（大卡）	醣類（公克）	蛋白質（公克）	脂質（公克）
薑汁豆奶	97.8	10.5	7.2	3.0

HOT
發芽玄米豆奶

效果
幫助入睡、緩解緊張
情緒、幫助排便、維
持良好腸道機能。

食材份量（2人份）

黃豆乾豆 30 公克、發芽玄米 30 公克、
熱開水 500 毫升、少許糖（可使用椰
棕糖或省略）

器具

電鍋、果汁機（或食物調理機）

步驟

1. 取一乾淨缽碗，放入黃豆乾豆、發芽玄米及
   蓋過黃豆、發芽玄米的開水份量。

2. 於冰箱冷藏浸泡 3～4 小時（或是睡前浸
   泡一晚），倒掉浸泡的水，取出黃豆及發芽
   玄米，加入蓋過材料的水量，放置於電鍋內
   蒸熟備用。

3. 將蒸熟的黃豆及發芽玄米取出，置於果汁機
   （或食物調理機）中，加入熱開水 500 毫
   升攪打成漿備用。（若是使用專用的豆漿
   機，就可以省略泡豆、蒸熟的步驟）

4. 將發芽玄米豆奶倒入杯中，加入少許糖（或
   椰棕糖）調味即可享用。

營養師筆記

① 發芽糙米，如果換成同等重量的其他雜糧穀類，就可以製作成不同款式的
   健康飲品，像是薏仁、紫米、黑米、紅豆、綠豆等。

② 有血糖的人，調味的糖建議選用「低升糖指數（低 GI）」的糖，像是赤藻
   糖醇、異麥芽寡糖、椰棕糖等。這款發芽玄米豆奶即使不加任何糖，喝起
   來也有淡淡的米香味，非常順口。

營養成分（1人份）

品項	熱量（大卡）	醣類（公克）	蛋白質（公克）	脂質（公克）
發芽玄米豆奶	113.1	16.4	6.5	2.7

發芽玄米豆奶

喝一杯發芽玄米豆奶，
讓人充滿元氣！

> 玄米，就是我們常講的「糙米」，糙米為六大類食物中的全穀雜糧食物。糙米含有豐富的維生素 B 群、礦物質以及膳食纖維，相較於白米來說，維生素 B1 是白米的三倍之多，膳食纖維含量為白米的五倍，擁有高營養價值的它，成為常見粗糧的代表之一。然而發芽後的糙米，更含有豐富的 GABA 物質，GABA 在人體中扮演神經傳導等活性功能，在腦部各個區塊都有重要的作用，它可抑制中樞神經系統過度興奮，對腦部具有安定作用，能夠幫助放鬆和緩解緊張的情緒，進而有助於改善睡眠問題。

經典
原味
燕麥奶

" 喝起來的口感，和市售包裝的燕麥奶喝起來完全不一樣，喝進一口在嘴裡品嚐，口感更醇厚，喝得到燕麥本身的香氣及滿滿的營養，而不是很濃的添加物味道。

燕麥本身為六大類食物的全穀雜糧類，除了碳水化合物之外，還有豐富的膳食纖維、維生素和礦物質，是我們大腦能量的來源，所以製作過程若能保留更多的膳食纖維，不僅有助於血膽固醇的調節，也能夠讓血糖緩慢上升，早餐只要再搭配其他蛋白質食物，像是雞蛋、雞胸肉沙拉等，就會是一頓均衡且完美的早餐搭配！ "

原來自己在家製作
燕麥奶這麼簡單！

COOL

經典原味燕麥奶

效果
具有飽足感、調節血膽固醇、穩定血糖、幫助排便、維持良好腸道機能。

食材份量（1人份）

大燕麥片 **20** 公克、涼開水 **250** 毫升、少許糖（可使用椰棕糖或省略）

器具

果汁機（或食物調理機）

步驟

1. 取一乾淨缽碗，放入大燕麥片及蓋過大燕麥片的開水份量。

2. 於冰箱冷藏浸泡 3 ～ 4 小時（或是睡前浸泡一晚），倒掉浸泡的水，取出燕麥片，置於果汁機（或食物調理機）中，加入涼開水 250 毫升攪打成燕麥奶備用。

3. 將燕麥奶倒入杯中，加入少許糖（或椰棕糖）調味即可享用。

營養師筆記

① 外面市售的燕麥奶皆已經過濾掉膳食纖維了，但不經過過濾的步驟，反而可以保留更多的膳食纖維及營養素，提供更多的飽足感，也能夠刺激腸道蠕動，有助於維持消化道健康，非常適合有排便問題或是想要控制體重的人食用。只要控制好攝取量，留意食物之間的搭配，無過濾的燕麥奶是非常健康的飲品。

② 大燕麥片 20 公克剛好是一份主食的份量，對於有血糖的朋友來說，自製燕麥奶的好處，就是可以清楚知道攝取的燕麥份量，再進一步調整其他醣類的攝取量。

③ 有血糖的人，調味的糖建議選用「低升糖指數（低 GI）」的糖，像是赤藻糖醇、異麥芽寡糖、椰棕糖等，這款經典原味的燕麥奶即使不加任何糖，喝起來也有淡淡的燕麥香，非常順口。

④ 此款燕麥奶，也可以等水量的熱開水攪打成熱飲享用。

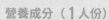

營養成分（1人份）

品項	熱量（大卡）	醣類（公克）	蛋白質（公克）	脂質（公克）
燕麥奶	77	14	2	2

COOL× HOT

芝麻燕麥奶

效果
助眠、補充鈣質、幫助排便、維持良好腸道機能。

食材份量（1人份）

大燕麥片 **20** 公克、涼（或熱）開水 **250** 毫升、黑芝麻粉 **10** 公克、**COOL** 冰塊適量、少許糖（可使用椰棕糖或省略）

器具

果汁機（或食物調理機）

步驟

────────────────**COOL**

1. 取一乾淨缽碗，放入大燕麥片及蓋過大燕麥片的開水份量。

2. 於冰箱冷藏浸泡 3～4 小時（或是睡前浸泡一晚），倒掉浸泡的水，取出燕麥片，置於果汁機（或食物調理機）中，加入涼開水 250 毫升攪打成燕麥奶備用。

3. 將燕麥奶倒入杯中，加入黑芝麻粉及少許糖（或椰棕糖）攪勻，再加入冰塊即可享用。

────────────────**HOT**

1. 取一乾淨缽碗，放入大燕麥片及蓋過大燕麥片的開水份量。

2. 於冰箱冷藏浸泡 3～4 小時（或是睡前浸泡一晚），倒掉浸泡的水，取出燕麥片，置於果汁機（或食物調理機）中，加入熱開水 250 毫升攪打成燕麥奶備用。

3. 將燕麥奶倒入杯中，加入黑芝麻粉及少許糖（或椰棕糖）調味即可享用。

營養師筆記

盡量選購細緻度較高的黑芝麻粉，比較不容易沉澱於杯底，可以均勻溶解分布於燕麥奶。黑芝麻粉為油脂及堅果種子類，容易受潮酸敗變質，所以要留意開封後，務必密封保存於陰涼處或是冷藏，並盡快食用完畢。

營養成分（1人份）

品項	熱量（大卡）	醣類（公克）	蛋白質（公克）	脂質（公克）
芝麻燕麥奶	140.8	15.7	4.2	6.8

芝麻
燕麥奶

" 小小一顆的芝麻，內含的營養價值卻是不簡
單！芝麻富含不飽和脂肪酸、蛋白質、維生素
E、鈣、鐵等營養素，以及具有生理活性的「芝
麻素」，含量僅佔芝麻的不到 1%，非常珍貴。
芝麻素為一抗氧化物質，具有保護肝臟及幫助睡
眠的功效，可以做為忙碌現代人保養身體的保健素材。
此外，芝麻屬於六大類食物中的油脂類，參考台灣地區營養
成分資料庫分析，以一份 10 公克的黑芝麻為例，含有熱量 58.8
大卡、脂肪 4.8 公克、蛋白質 2.2 公克、醣類 1.7 公克、膳食纖
維 1.5 公克、鈣質約 135 毫克等豐富的營養素。由此可知，黑芝
麻也是豐富的鈣質來源。

黑芝麻粒需要充分咀嚼，才有辦法攝取到所含的營養素，所以若
能購買品質新鮮、粉末細緻的黑芝麻粉，加入燕麥奶飲品中，就
可以調製出不同風味且營養滿分的芝麻燕麥奶。 "

高鈣黑芝麻粉為
燕麥奶的鈣質加點分！

> 小粒細長、略帶褐色的亞麻仁籽，在六大類食物中是屬於「油脂及堅果種子類」的種子，含有較多不飽和脂肪酸，特別是 Omega-3 脂肪酸，所以亞麻仁的油脂又有「素魚油」之稱。現代人由於外食機會多，攝取較多 Omega-6 脂肪酸，造成體內 Omega-6 脂肪酸和 Omega-3 脂肪酸之間失去平衡，這會使得身體傾向於發炎狀態，因此，反而應該於日常飲食中，增加攝取富含 Omega-3 脂肪酸的食物，來減緩體內的發炎反應，像是亞麻仁籽、魚油、藻油等，亞麻仁籽更是素食者良好的 Omega-3 脂肪酸食物來源。

亞麻仁籽為燕麥奶增添好脂肪酸及風味！

亞麻仁燕麥奶

COOL

亞麻仁燕麥奶

效果

降低體內發炎反應、幫助調節血脂、幫助排便、維持良好腸道機能。

食材份量（1人份）

大燕麥片 **20** 公克、涼開水 **250** 毫升、亞麻仁籽粉 **10** 公克、少許糖（可使用椰棕糖或省略）

器具

果汁機（或食物調理機）

步驟

1. 取一乾淨缽碗，放入大燕麥片及蓋過大燕麥片的開水份量。

2. 於冰箱冷藏浸泡 3 ～ 4 小時（或是睡前浸泡一晚），倒掉浸泡的水，取出燕麥片，置於果汁機（或食物調理機）中，加入涼開水 250 毫升攪打成燕麥奶備用。

3. 將燕麥奶倒入杯中，加入亞麻仁籽粉及少許糖（或椰棕糖）調味即可享用。

營養師筆記

1 亞麻仁籽如同芝麻粒，都需要充分咀嚼才有辦法攝取到內含的營養素，所以建議沖泡燕麥片的同時，把亞麻仁籽一起浸泡後攪打，就可以將亞麻仁籽的全食物營養全部攝取到了。

2 當然也可以選擇較新鮮、無油耗味的亞麻仁籽粉，於燕麥奶製備好後，加入攪拌均勻，就可以快速享用囉！

3 亞麻仁籽粉相較於亞麻仁油，可以額外攝取到膳食纖維等營養素，比較有「全食物營養」的概念。必須留意的是，無論是亞麻仁籽粉或是亞麻仁油，都非常怕熱，因此這杯飲品較適合製作成冷飲。

營養成分（1人份）

品項	熱量（大卡）	醣類（公克）	蛋白質（公克）	脂質（公克）
亞麻仁燕麥奶	142.3	17.0	4.4	6.3

> 香蕉不單是常見的水果，參考台灣營養成分資料庫分析，100 公克的香蕉，含有熱量 91 大卡、脂肪 0.2 公克、蛋白質 1.3 公克、醣類 23.7 公克、鉀 290 毫克、維生素 B2、維生素 B6 以及豐富的膳食纖維 1.6 公克，其中色胺酸含有 12 毫克，幾乎是所有水果之冠。色胺酸為合成血清素的原料，血清素製造足夠的情況下，可以幫助情緒放鬆、緩解憂鬱，讓我們擁有好心情；適量的醣類可以引起胰島素分泌，胰島素的分泌之下，更能幫助色胺酸通過血腦障壁，到達腦部合成血清素，來達到穩定情緒及紓壓的效果。所以「香蕉和燕麥奶的完美組合」，除了好喝、幫助排便之外，還能為身體帶來更多紓解壓力、穩定情緒等好處，非常適合精神緊繃、工作壓力大的人飲用唷！

香蕉燕麥奶

香蕉與燕麥奶的搭配，
喝了讓你紓壓、心情愉快。

COOL

香蕉燕麥奶

效果

紓壓、擁有好心情、具
有飽足感、幫助排便、
維持良好腸道機能。

食材份量（1人份）

大燕麥片 **20** 公克、涼開水 **200** 毫升、
香蕉一根（小）

器具

果汁機（或食物調理機）

步驟

1. 取一乾淨缽碗，放入大燕麥片及蓋過大燕麥片
   的開水份量。

2. 於冰箱冷藏浸泡 3 ～ 4 小時（或是睡前浸泡一
   晚），倒掉浸泡的水，取出燕麥片，置於果汁
   機（或食物調理機）中，加入涼開水 200 毫升
   及一根去皮香蕉，攪打成香蕉燕麥奶備用。

3. 將香蕉燕麥奶倒入杯中即可享用。

營養師
筆記

香蕉一根的水果份量約為 2 份，所以有血糖的人建議要留意其他水果份量的攝
取，以利於整體血糖的控制。

營養成分（1人份）

品項	熱量（大卡）	醣類（公克）	蛋白質（公克）	脂質（公克）
香蕉燕麥奶	163.8	33.0	3.0	2.2

COOL
蘋果酪梨燕麥奶

效果
幫助調節血脂、幫助
排便、維持良好腸道
機能。

食材份量（1人份）

大燕麥片 20 公克、涼開水 200 毫升、
蘋果 50 公克、酪梨 40 公克

器具

果汁機（或食物調理機）

步驟

1. 取一乾淨缽碗，放入大燕麥片及蓋過大燕麥
   片的開水份量。

2. 於冰箱冷藏浸泡 3 ～ 4 小時（或是睡前浸
   泡一晚），倒掉浸泡的水，取出燕麥片，置
   於果汁機（或食物調理機）中，加入涼開水
   200 毫升及蘋果、酪梨，攪打均勻備用。

3. 將攪打完成的蘋果酪梨燕麥奶倒入杯中即可
   享用。

營養師筆記

1 酪梨的油脂，其中單元不飽和脂肪約佔 53%，多元不飽和脂肪約佔 18%，
飽和脂肪約佔脂肪的 29%，這超過 50% 比例的單元不飽和脂肪酸，又稱
為油酸，許多文獻證實油酸能夠降低低密度脂蛋白膽固醇（也就是俗稱「壞
的膽固醇」）的濃度，因而有助於預防心血管疾病的發生。

2 酪梨的營養價值非常豐富，但是酪梨可食重量 40 公克約為一份油脂份量，
因此，留意酪梨的攝取量，才不會越吃越胖唷！

營養成分（1人份）

品項	熱量（大卡）	醣類（公克）	蛋白質（公克）	脂質（公克）
蘋果酪梨燕麥奶	149.0	23.0	3.0	5.0

當燕麥奶遇上酪梨，
為健康加些好油！

蘋果酪梨
燕麥奶

> 一向有森林奶油之稱的「酪梨」，營養價值非常高，
> 民眾往往會被其外觀所誤導，以為是水果，但其實酪
> 梨在六大類食物中的分類為「油脂及堅果種子類」。
> 以放置室溫下 3 ～ 6 天的酪梨來看，每一百公克的酪
> 梨，熱量約 80 ～ 84 大卡，含有將近八成水分、脂肪 7
> 公克、蛋白質 1.4 公克以及碳水化合物 6.3 公克，而膳食纖
> 維則含有 2.9 公克，以及豐富的鉀離子、維生素 A、E，甚至是微
> 量元素等。許多人打酪梨汁會加蜂蜜調味，但我建議選擇加入適量帶甜味的水果，像
> 是蘋果，就可以減少精製糖的攝取，才能真正攝取到酪梨的好處。酪梨的好油脂除了
> 可以滋潤我們的皮膚以及潤腸，對於調節血脂也很有益處，搭配上膳食纖維豐富的蘋
> 果及燕麥，不僅好喝，還有助於排便順暢唷！

藍莓燕麥奶

> 小小一顆外皮帶著深紫色的藍莓，其實營養價值非常高。藍莓擁有豐富的原花青素、維生素 C 等抗氧化物質，原花青素屬於一種植化素，抗氧化能力高出維生素 C 十八倍，高出維生素 E 五十倍，而且能夠通過血腦障壁，加強對於腦部細胞的抗氧化作用，能夠延緩腦部衰老，降低失智的風險，難怪會列在「心智飲食」中對於大腦有益處的十種食物之一。藍莓的原花青素也具有保養血管的作用，有助於讓血管恢復彈性，減少低密度脂蛋白膽固醇（LDL-C）的氧化壓力，進而降低中風及心血管疾病的風險，更可以降低體內發炎的反應。藍莓對於身體的細胞具有保護力，可以減少自由基對細胞的攻擊，因而減少腦細胞的氧化壓力，對於血管及眼睛方面的保養都有益處。

具有抗氧化力的藍莓，
讓燕麥奶充滿能量及活力！

COOL
藍莓燕麥奶

效果
預防失智、保養血管、舒緩眼睛乾澀、幫助排便、維持良好腸道機能。

食材份量（**1**人份）

大燕麥片 **20** 公克、涼開水 **250** 毫升、新鮮藍莓 **50** 公克

器具

果汁機（或食物調理機）

步驟

1. 取一乾淨缽碗，放入大燕麥片及蓋過大燕麥片的開水份量。

2. 於冰箱冷藏浸泡 3 ～ 4 小時（或是睡前浸泡一晚），倒掉浸泡的水，取出燕麥片，置於果汁機（或食物調理機）中，加入涼開水 250 毫升及藍莓攪打均勻備用。

3. 將藍莓燕麥奶倒入杯中即可享用。

營養師筆記

1. 新鮮藍莓 100 克為水果份量的一份，所以有血糖的人，建議要留意其他水果份量的攝取，以利於整體血糖的控制。

2. 冷凍藍莓多半選用野生藍莓品種，原花青素含量甚至高於新鮮藍莓，因此，也非常適合使用冷凍藍莓加入燕麥一起攪打成藍莓燕麥奶。

3. 此款藍莓燕麥奶，僅適宜冷飲。

營養成分（1人份）

品項	熱量（大卡）	醣類（公克）	蛋白質（公克）	脂質（公克）
藍莓燕麥奶	108.0	21.0	3.0	2.0

COOL

經典原味杏仁奶

效果

保養血管、預防及延緩失智、幫助排便、維持良好腸道機能。

食材份量（1人份）

杏仁果 7 公克、涼開水 250 毫升、少許糖（可使用椰棕糖或省略）

器具

果汁機（或食物調理機）

步驟

1. 取一乾淨缽碗，放入杏仁果及蓋過杏仁果的開水份量。

2. 於冰箱冷藏浸泡 3 ～ 4 小時（或是睡前浸泡一晚），倒掉浸泡的水，取出杏仁果，置於果汁機（或食物調理機）中，加入涼開水 250 毫升攪打成杏仁奶備用。

3. 將杏仁奶倒入杯中，加入少許糖（或椰棕糖）調味即可享用。

營養師筆記

① 營養衛教上，建議每天攝取一份堅果取代一份油脂，因此，在自製杏仁奶的食譜設計上，我規劃一人份是用一份杏仁果 7 公克來攪打成杏仁奶，不經過濾渣可以保留更多營養素喔！

② 市售的杏仁奶皆經過濾渣，這些渣渣就是所謂的「膳食纖維」。但不經過過濾的步驟，反而可以保留更多的膳食纖維及營養素，提供更多的飽足感，也能夠刺激腸道蠕動，有助於維持消化道的健康。但假使真的不喜歡喝起來有渣的感覺，可以用紗布過濾，喝起來就會是非常滑順的杏仁奶。

③ 此款杏仁奶，也可以等水量的熱開水攪打成熱飲享用。

營養成分（1人份）

品項	熱量（大卡）	醣類（公克）	蛋白質（公克）	脂質（公克）
杏仁奶	43.9	1.6	1.5	3.5

經典原味杏仁奶

" 杏仁奶使用的原料,是堅果中的「杏仁果」而非中藥屬性的南杏北杏,所以沒有帶著濃郁的杏仁茶香氣,以杏仁果打出來的杏仁奶,喝起來反而是淡淡的堅果香。參考台灣營養成分資料庫分析,一份杏仁果約 7 公克,5 粒左右,熱量約為 41.2 大卡、脂肪 3.5 公克、蛋白質 1.5 公克、醣類 1.6 公克,相較於單純油品,堅果富含更多的蛋白質、膳食纖維、維生素 E 及礦物質。許多研究發現,杏仁果含有高量的不飽和脂肪酸及維生素 E,有助於血脂肪的調節,也能夠幫助身體細胞免於自由基的攻擊,為良好油脂及微量元素的來源。 "

在家自製杏仁奶,原來如此簡單好喝!

銀耳杏仁燉奶

高貴不貴的銀耳又稱為「平民的燕窩」，性平味甘，能夠補肺益氣，養陰潤燥，很適合於秋燥時養肺、潤肺，保養呼吸道。銀耳在六大類食物之中，屬於蔬菜類，含有非常豐富的水溶性膳食纖維，加上熱量低且具飽足感，不僅是減重期間絕佳的聖品，在血糖、血脂肪的調控上都有不錯的效果。此外，銀耳也含有豐富的多醣體、礦物質等營養素，能夠提升免疫力、強健體魄；排便不順的人，平時也可以食用銀耳，有助於潤腸，再加上杏仁奶好油脂的加持，來碗「銀耳杏仁燉奶」，將能夠使排便更為順暢。

銀耳與杏仁奶巧妙且滑順的口感，非常搭配！

HOT

銀耳杏仁燉奶

效果

潤肺、保養呼吸道、體重管理、幫助調節血脂、穩定血糖、幫助排便、維持良好腸道機能。

食材份量（3～4人份）

杏仁果 **30** 公克、開水 **500** 毫升、新鮮白木耳一朵、少許冰糖調味

器具

果汁調理機、壓力鍋（或電鍋）

步驟

1. 取一乾淨缽碗，放入杏仁果及蓋過杏仁果的開水份量。

2. 於冰箱冷藏浸泡 3 ～ 4 小時（或是睡前浸泡一晚），倒掉浸泡的水，取出杏仁果，置於果汁機（或食物調理機）中，加入開水 500 毫升，攪打成杏仁奶備用。

3. 新鮮白木耳洗淨、去蒂頭、剪小朵備用；將備好的杏仁奶和白木耳置於鍋內燉煮，煮好後加入少許冰糖調味，即可享用。

營養師筆記

① 此道飲品是使用冰糖調味，但假使是有血糖的人，建議可以將冰糖換成赤藻糖醇、麥芽糖醇等，比較不會造成血糖上升。

② 此款銀耳杏仁燉奶，若是較年長、想要養生的長輩喝，比較適合燉煮好溫熱食用；若是夏天飲用，可以稍微冷藏冰涼，就會是道低卡且潤腸的透心涼冰點！

營養成分（1人份）

品項	熱量（大卡）	醣類（公克）	蛋白質（公克）	脂質（公克）
銀耳杏仁燉奶	47.5	2.4	1.6	3.5

仙草
杏仁
奶凍飲

夏季想要來點消暑聖品，
絕對會想到它！

> 仙草屬於藥食兩用植物，仙草乾的製作方法和普洱茶類似，通常是將採收後的
> 仙草經過陽光曝曬至完全乾燥，並收入穀倉中靜置 2～3 年以上，之後再熬煮
> 成仙草汁，也可以再製成仙草凍。仙草本身具有生津止渴、清涼退火等功效，
> 在悶熱的夏季，來碗仙草凍絕對可以清涼消暑、退肝火。此外，吃起來帶有甘
> 苦味的仙草凍，除了是許多冰品的配角，其實和杏仁奶搭配調製而成的「仙草
> 杏仁奶凍飲」，喝起來溫和順口，不僅是好喝的飲品，更是夏季消暑的聖品！

COOL
仙草杏仁奶凍飲

效果
消暑、退火氣、幫助
排便、維持良好腸道
機能。

食材份量（1人份）

杏仁果 **7** 公克、涼開水 **250** 毫升、仙
草凍 1 塊、少許糖（可使用椰棕糖）

器具

果汁機（或食物調理機）

步驟

1. 取一乾淨缽碗，放入杏仁果及蓋過杏仁果的
   開水份量。

2. 於冰箱冷藏浸泡 3 ～ 4 小時（或是睡前浸
   泡一晚），倒掉浸泡的水，取出杏仁果，置
   於果汁機（或食物調理機）中，加入涼開水
   250 毫升攪打成杏仁奶備用。

3. 仙草凍用開水洗淨、切小塊後，直接加入杏
   仁奶及少許糖（或椰棕糖）調味，攪拌均
   勻，置於冷藏半小時後，即可冰涼享用。

營養師
筆記

❶ 這道凍飲使用椰棕糖調味，椰棕糖屬於「低升糖指數（低 GI）」的糖，GI
值僅有 35，不易升高血糖，但不代表沒有熱量喔！僅建議酌量使用。另外，
若想要熱量低又不影響血糖，可以選擇赤藻糖醇、麥芽糖醇或是異麥芽寡
糖、果寡糖等。

❷ 仙草可以消暑退火，但若本身體質屬於寒性，仙草就不宜大量食用。但由
於搭配上屬熱性的杏仁果堅果，食物之間的屬性平衡一下，就比較不用太
擔心過寒的問題。

❸ 此款仙草杏仁奶凍飲，僅適合冷飲。

營養成分（1人份）

品項	熱量（大卡）	醣類（公克）	蛋白質（公克）	脂質（公克）
仙草杏仁奶凍飲	46.3	2.2	1.5	3.5

COOL

珍珠杏仁奶茶

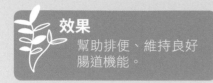

效果
幫助排便、維持良好
腸道機能。

食材份量（**3** 人份）

杏仁奶茶製備 〜

杏仁果 **20** 公克、涼開水 **720** 毫升、
伯爵紅茶包、少許糖（可使用寡糖）

珍珠粉圓製備 〜

日本太白粉（馬鈴薯澱粉）**50** 公克、
黑糖（可使用椰棕糖）10 公克、開
水 **35** 公克

器具

果汁機（或食物調理機）、鍋具、
麵棍、刀具

步驟

1. 取一乾淨缽碗，放入杏仁果及蓋過杏仁果的開
   水份量。

2. 於冰箱冷藏浸泡 3 ～ 4 小時（或是睡前浸泡一
   晚），倒掉浸泡的水，取出杏仁果，置於果汁
   機（或食物調理機）中，加入開水 720 毫升攪
   打成杏仁奶備用。

3. 取一小鍋，將杏仁奶和伯爵紅茶包置於鍋內加
   熱，煮滾出香氣後熄火，杏仁奶茶製備好後，
   備用。

4. 製作珍珠粉圓：取一小鍋加熱開水，倒入黑糖
   （或椰棕糖）攪拌均勻成滾燙糖水、熄火，趁
   熱將日本太白粉倒入滾燙糖水中，快速攪拌成
   團，取出擀平、切割成小正方形，再搓圓。

5. 另外煮一鍋滾水（水量是粉圓的 6 ～ 7 倍），
   將搓好的粉圓倒入，煮熟後撈起、泡冰水備用。

6. 將珍珠粉圓加入杏仁奶茶，即可享用。

營養師
筆記

① 伯爵紅茶包可以替換成自己喜歡的茶包，若是孕產婦或年長者，擔心茶類
   咖啡因的影響，可以換成無咖啡因的南非國寶茶，也可以喝到自製健康又
   好喝的杏仁奶茶。

② 此款珍珠杏仁奶茶，冷飲、熱飲皆適宜。

營養成分（1 人份）

品項	熱量（大卡）	醣類（公克）	蛋白質（公克）	脂質（公克）
珍珠杏仁奶茶	107.9	17.6	1.5	3.5

自製「珍珠杏仁奶茶」，沒想到
這麼簡單又好喝，滿足你的口慾！

珍珠
杏仁奶茶

" 珍珠奶茶是國人最愛的飲品，但不見得健康，
過多精製糖以及奶精的攝取，容易使我們的新
陳代謝出問題，像是血糖、血脂異常。但是，
只要透過幾個小技巧做食材上面的替換，一樣
可以滿足口慾，來個下午茶的小確幸。在調整
甜味方面，建議選擇以下幾種好糖，像是低升
糖指數的椰棕糖、幫助好菌生長的果寡糖、異
麥芽寡糖等，以及低熱量、低升糖指數的糖醇
類，像是赤藻糖醇、麥芽糖醇等。另外，以杏
仁奶取代含有反式脂肪的奶精，加上自製的珍
珠粉圓，不含焦糖色素，讓喝奶茶更為健康。"

COOL × **HOT**

可可杏仁奶

效果
保護心血管、穩定血壓、幫助排便、維持良好腸道機能。

食材份量（1人份）

杏仁果 **7** 公克、涼（或熱）開水 **250** 毫升、無糖可可粉 **10** 公克、COOL 冰塊適量、少許糖（可使用椰棕糖或省略）

器具

果汁機（或食物調理機）

步驟

─────── COOL

1. 取一乾淨缽碗，放入杏仁果及蓋過杏仁果的開水份量。

2. 於冰箱冷藏浸泡 3 ～ 4 小時（或是睡前浸泡一晚），倒掉浸泡的水，取出杏仁果，置於果汁機（或食物調理機）中，加入涼開水 250 毫升攪打成杏仁奶備用。

3. 將杏仁奶倒入杯中，加入可可粉、少許糖（或椰棕糖）攪勻，再加入冰塊即可享用。

─────── **HOT**

1. 取一乾淨缽碗，放入杏仁果及蓋過杏仁果的開水份量。

2. 於冰箱冷藏浸泡 3 ～ 4 小時（或是睡前浸泡一晚），倒掉浸泡的水，取出杏仁果，置於果汁機（或食物調理機）中，加入熱開水 250 毫升攪打成杏仁奶備用。

3. 將杏仁奶倒入杯中，加入可可粉、少許糖（或椰棕糖）攪勻即可享用。

營養師筆記

選擇無糖可可粉較佳，若想要一些甜味，除了砂糖、冰糖等，也可用椰棕糖、糖醇類或寡糖等取代。

營養成分（1人份）

品項	熱量（大卡）	醣類（公克）	蛋白質（公克）	脂質（公克）
可可杏仁奶	81.1	7.0	3.6	4.3

可可
杏仁奶

可可果是我們常見的可可粉、巧克力的原料，可可果內含有可可豆，進一步再加工製成可可粉，或是其內的可可脂再混合不同比例的糖及其他成分，就可以做成不同風味的巧克力。可可豆富含可可脂及一些有益健康的營養素，可可脂含多種維生素、礦物質以及對心血管有益的脂肪，在維生素的部分特別是以 B 群及維生素 E 為主，維生素 E 本身就是個很強的抗氧化維生素，可以減緩自由基對細胞的破壞，也能夠加速細胞的再生與修復、延緩皮膚老化，此外，可可豆還含有獨特的可可多酚以及黃酮類物質，有助於心血管的保養。

當我們體內血清素分泌量降低，會出現沮喪、心情低落、失眠、暴躁等負面情緒，延伸出許多與精神相關等健康問題，透過攝取富含色胺酸的食物，有助於血清素的合成，其中香蕉就是色胺酸豐富的水果。一根香蕉的色胺酸含量約有 12 毫克，幾乎是所有水果之冠，可以幫助情緒放鬆、緩解憂鬱，讓我們擁有好心情。此外，色胺酸除了合成血清素，也能夠促進褪黑激素分泌，有助於誘導入眠，改善失眠問題。

另外，在睡前攝取富含鈣質的食物，也可以穩定情緒、調節血壓，有助於放鬆好入睡。參考台灣地區營養成分資料庫分析，以一份 10 公克的黑芝麻為例，所含的鈣質約 135 毫克，屬於高鈣的食物來源。因此，香蕉與黑芝麻搭配在一起，不僅香氣十足，還可以做成好喝的飲品，更能幫助紓壓、好入睡。

香蕉芝麻的完美組合，
穩定血壓、舒眠好入睡！

香蕉芝麻杏仁奶

HOT
香蕉芝麻杏仁奶

效果
幫助舒眠好入睡、穩定血壓、幫助排便、維持良好腸道機能。

食材份量（1人份）

杏仁果 7 公克、溫開水 250 毫升、香蕉 1 根（小）、黑芝麻粉 10 公克

器具

果汁機（或食物調理機）

步驟

1. 取一乾淨缽碗，放入杏仁果及蓋過杏仁果的開水份量。

2. 於冰箱冷藏浸泡 3 ～ 4 小時（或是睡前浸泡一晚），倒掉浸泡的水，取出杏仁果，置於果汁機（或食物調理機）中，加入溫開水 250 毫升、香蕉 1 根及黑芝麻粉攪打均勻備用。

3. 將香蕉芝麻杏仁奶倒入杯中，即可享用。

營養師筆記

1. 此款紓壓好入眠的飲品，運用香蕉本身的甜味，來取代糖的使用，更加健康。此外，香蕉 1 根為約兩份的水果份量，建議有血糖的人，留意一整天水果的總攝取量，以避免攝取過量水果而造成血糖失控。

2. 此款舒眠香蕉芝麻杏仁奶，適合睡前溫熱或常溫飲用。

營養成分（1人份）

品項	熱量（大卡）	醣類（公克）	蛋白質（公克）	脂質（公克）
香蕉芝麻杏仁奶	184.5	22.3	4.7	8.5

COOL

經典原味堅果奶

效果
保養血管、穩定血壓、
靈活思緒、幫助排便、
維持良好腸道機能。

食材份量（1人份）

綜合堅果 **10** 公克、涼開水 **250** 毫升、
少許糖（可使用椰棕糖或省略）

器具

果汁機（或食物調理機）

步驟

1. 取一乾淨缽碗，放入綜合堅果及蓋過綜合堅果的開水份量。

2. 於冰箱冷藏浸泡 3 ～ 4 小時（或是睡前浸泡一晚），倒掉浸泡的水，取出綜合堅果，置於果汁機（或食物調理機）中，加入涼開水 250 毫升攪打成堅果奶備用。

3. 將堅果奶倒入杯中，加入少許糖（或椰棕糖）調味即可享用。

營養師筆記

1. 未濾渣的堅果奶會有一些細小顆粒感及沉澱，可以稍微搖晃均勻後再享用；若真的不喜歡顆粒口感，可以用紗布過濾，堅果奶喝起來就會是滑順的口感了！

2. 可以加些椰棕糖調味，但此款堅果奶即使未添加糖，喝起來就帶有淡淡的奶香及甜味。此外，綜合堅果的種類可以依照自己所喜愛的堅果做搭配。

3. 此款堅果奶，也可以等水量的熱開水攪打成熱飲享用。

營養成分（1人份）

品項	熱量（大卡）	醣類（公克）	蛋白質（公克）	脂質（公克）
堅果奶	65.0	2.1	2.0	5.4

經典原味堅果奶

> 許多研究發現，堅果所含有的不飽和脂肪酸，有助於血脂肪的調節，甚至是良好油脂及微量元素的來源。堅果富含的維生素 E，是一種抗氧化維生素，可以保護細胞免於自由基的攻擊，對於腦細胞也有相同保護作用，所以不論是 預防心血管疾病的「地中海飲食」，與預防及延緩失智的「心智飲食」，以及預防高血壓的「得舒飲食」，都可以看到鼓勵攝取適量的堅果來做日常飲食保養。
>
> 常見的綜合堅果，如腰果、松子、核桃、南瓜子等，各種堅果有各自的獨特風味及不同含量的營養素，因此，食用「綜合堅果」比攝取「單一堅果」來說，在營養密度方面，「綜合堅果」的營養素更完整且豐富。

多種堅果所調製出來的堅果奶，
讓人喝完後充滿活力與熱情。

西洋梨堅果奶喝起來帶有溫和水果的甜味，以及堅果的香氣，還有冰沙的冰涼口感。

西洋梨堅果奶冰沙

" 西洋梨是我很喜歡的水果之一，帶些酸甜味，成熟時，果皮些微泛紅，洗乾淨後連果皮都可以一起吃。參考台灣地區營養成分資料庫分析，100 公克的西洋梨，熱量約為 60 大卡，一顆剛好約是一份水果的份量，其中蛋白質 0.3 公克、脂肪 0.3 公克以及碳水化合物 15.6 公克。西洋梨富含維生素 A、C 以及礦物質、多種有機酸等營養成分，具有調節血脂肪、保護身體細胞不被自由基破壞的作用，且有助於血管恢復彈性，調節血壓，是一款營養密度高的水果。"

COOL
西洋梨堅果奶冰沙

 效果
保養血管、穩定血壓、
靈活思緒、幫助排便、
維持良好腸道機能。

食材份量（1人份）

綜合堅果 10 公克、涼開水 250 毫升、
西洋梨（帶皮去籽）1 顆、冰塊適量

器具

果汁機（或食物調理機）

步驟

1. 取一乾淨缽碗，放入綜合堅果及蓋過綜合堅
   果的開水份量。

2. 於冰箱冷藏浸泡 3 ～ 4 小時（或是睡前浸泡
   一晚），倒掉浸泡的水，取出綜合堅果，置
   於果汁機（或食物調理機）中，加入涼開水
   250 毫升攪打成堅果奶備用。

3. 將西洋梨洗淨、去籽、切塊，放入果汁機（或
   食物調理機）內，加入冰塊，與步驟 2 一起
   攪打均勻，即可享用。

 營養師筆記

以西洋梨本身的甜味取代糖，喝起來淡淡的香甜味，是一款很順口且健康的飲
品。有血糖的人，建議西洋梨帶皮攪打，保留更多膳食纖維，並且留意一整天
水果的總攝取量，以免血糖失控。

營養成分（1人份）

品項	熱量（大卡）	醣類（公克）	蛋白質（公克）	脂質（公克）
西洋梨堅果奶冰沙	131.3	17.7	2.3	5.7

桂圓堅果奶

> 桂圓，俗稱「龍眼乾」，即是新鮮龍眼曬乾而成。龍眼乾可以當作食療的藥方，具有安神養心，補血益脾的功效。由於桂圓的鐵質豐富，能改善貧血問題，或是產後補血，很常運用桂圓做為點心料理的食療材料。此外，桂圓也具有安神作用，安定精神狀況，幫助紓解壓力及緊張，緩和情緒、幫助入睡，很適合長期失眠者食用。即使龍眼乾已是常見的食療食材，但也須留意糖分問題，不宜吃多，特別是患有糖尿病的人，要留意龍眼乾的攝取量，8～10 顆龍眼約為一份水果份量。

安神補血的桂圓堅果奶，很適合虛弱者及產後婦女補補身子。

HOT
桂圓堅果奶

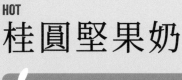

效果
安定心神、幫助入眠、改善貧血、補血益脾。

食材份量（1人份）

綜合堅果 10 公克、熱開水 250 毫升、
龍眼乾 5 顆

器具

果汁機（或食物調理機）

步驟

1. 取一乾淨缽碗，放入綜合堅果及蓋過綜合堅果的開水份量。

2. 於冰箱冷藏浸泡 3 ～ 4 小時（或是睡前浸泡一晚），倒掉浸泡的水，取出綜合堅果，置於果汁機（或食物調理機）中，加入龍眼乾及熱開水 250 毫升攪打成堅果奶備用。

3. 將堅果奶倒入杯中即可享用。

營養師筆記

❶ 龍眼乾本身就帶有甜味，用以取代糖，喝起來淡淡的桂圓香甜味，是一款很順口且健康的飲品。本食譜配方所使用的 5 顆龍眼乾，約是半份水果份量，患有糖尿病的人，留意一整天水果的總攝取量，以免血糖失控。

❷ 此款桂圓堅果奶，適合睡前兩小時溫熱喝，能夠幫助安神入睡。

營養成分（1人份）

品項	熱量（大卡）	醣類（公克）	蛋白質（公克）	脂質（公克）
桂圓堅果奶	127.4	16.7	3.0	5.4

HOT
枸杞堅果奶

效果
緩解眼部疲勞及乾澀、預防視網膜病變、滋補肝腎。

食材份量（1人份）

綜合堅果 10 公克、熱開水 250 毫升、枸杞 10 顆

器具

果汁機（或食物調理機）

步驟

1. 枸杞稍微泡水、瀝乾備用。

2. 取一乾淨缽碗，放入綜合堅果及蓋過綜合堅果的開水份量。

3. 於冰箱冷藏浸泡 3～4 小時（或是睡前浸泡一晚），倒掉浸泡的水，取出綜合堅果，置果汁機（或食物調理機）中，加入步驟1的枸杞及熱開水 250 毫升攪打均勻。

4. 將枸杞堅果奶倒入杯中即可享用。

營養師筆記

此款枸杞堅果奶，建議溫熱喝，可以舒緩眼部不適。

營養成分（1人份）

品項	熱量（大卡）	醣類（公克）	蛋白質（公克）	脂質（公克）
護眼枸杞堅果奶	75.4	4.3	2.4	5.4

枸杞
堅果奶

枸杞與堅果的中西方食材邂逅，
碰撞出兼具美味及健康的飲品。

> 枸杞本身富含維生素 A，可以幫助修復損傷的黏膜細胞，或是阻隔環境中自由基攻擊眼睛黏膜而造成的傷害，擁有強大的抗氧化效力，能夠舒緩眼部疲勞。研究顯示，枸杞內的葉黃素及玉米黃素可以有效地過濾藍光，具有保護眼睛的功效，甚至可能對於糖尿病前期的視網膜病變有預防保護作用。枸杞本身可當作食補的食材，也可當作中藥材，而在中藥領域，可以滋補肝腎、益精明目。因此，古書記載的枸杞療效，在當今的西方研究實證裡也有呼應的功效。枸杞的營養價值豐富，除了護眼之外，更有顧肝、提升免疫力以及食療三高等保健效用。
>
> 枸杞搭配上富含維生素 E 的堅果奶，能夠有效地緩解長時間用眼所造成的眼睛疲勞及乾澀等問題。

> 肉桂獨特迷人的香氣，讓喜愛它的人像上癮般著迷。肉桂除了加在飲品中調味外，還具有食療效果，像是在促進胃腸蠕動方面，肉桂可以暖脾胃、消除積冷、通血脈等，加上肉桂含有桂皮油，能夠刺激胃腸黏膜，有助於加強消化功能，緩解胃腸痙攣性疼痛，增加胃液分泌，幫助腸胃消化及蠕動。此外，肉桂也能促進血液循環，使體溫上升，對於容易手腳冰冷的朋友來說，是個不可多得的小幫手。
>
> 中醫認為肉桂能溫中散寒、活血、健胃、止痛等，《神農本草經》更將肉桂列為上品。但肉桂性熱，並非所有人都適合食用，像是體內燥熱、時常口乾舌燥以及便祕者，也不宜服用肉桂。

肉桂堅果拿鐵

肉桂迷人的風味，襯托出堅果拿鐵獨樹一格的美味飲品。

COOL × HOT

肉桂堅果拿鐵

效果
幫助腸胃消化及蠕動、促進血液循環、改善手腳冰冷。

食材份量（1人份）

綜合堅果 10 公克、溫冰開水 250 毫升、黑咖啡適量、COOL 冰塊適量、肉桂粉少許（1 小匙）

器具

果汁機（或食物調理機）

步驟

————————————COOL

1. 取一乾淨缽碗，放入綜合堅果及蓋過綜合堅果的開水份量。

2. 將 A 置於冰箱冷藏浸泡 3 ～ 4 小時（或是睡前浸泡一晚），倒掉浸泡的水，取出綜合堅果，置於果汁機（或食物調理機）中，加入冰開水 250 毫升，攪打成堅果奶備用。

3. 沖好熱的黑咖啡後，加入冰塊成冰咖啡，再加入堅果奶，最後撒上肉桂粉調味，即可享用。

————————————HOT

1. 取一乾淨缽碗，放入綜合堅果及蓋過堅果的開水量。

2. 於冰箱冷藏浸泡 3 ～ 4 小時（或是睡前浸泡一晚），倒掉浸泡的水，取出綜合堅果，置於果汁機（或食物調理機）中，加入溫開水 250 毫升，攪打成堅果奶備用。

3. 沖好熱的黑咖啡後，加入堅果奶，最後撒上肉桂粉調味，即可享用。

營養師筆記　如果不喜歡肉桂粉，撒上巧克力粉也很不錯。

營養成分（1人份）

品項	熱量（大卡）	醣類（公克）	蛋白質（公克）	脂質（公克）
肉桂堅果拿鐵	66.2	2.3	2.1	5.4

營養師在飲食搭配上，最在意的就是飲食的均衡度。將具有優質蛋白質的黃豆，搭配上膳食纖維豐富的全穀雜糧——燕麥粒，以及富含好油脂、維生素 E 的綜合堅果，三者的營養素融合在一起，造就了完美的早餐飲品，每天早晨來一杯，所有的營養素都在裡頭了。而且黃豆和穀類的胺基酸互補，讓我們所攝取到的胺基酸種類更為全面，不僅造福素食者，對於有三高的族群來說，更是一款有助於維持健康的優質飲品。

特調
植物奶

每天早上來一杯均衡營養的植物奶，是一整天的活力來源！

COOL

特調植物奶

效果
具有飽足感、調節血脂肪、穩定血糖、幫助排便、維持良好腸道機能。

食材份量（2人份）

燕麥粒 20 公克、黃豆 20 公克、綜合堅果 10 公克、涼開水 500 毫升、少許糖（可使用椰棕糖或省略）

器具

電鍋、果汁機（或食物調理機）

步驟

1. 燕麥粒、黃豆洗淨、泡水，用電鍋蒸煮熟後備用。

2. 取一乾淨缽碗，放入綜合堅果及蓋過綜合堅果的開水份量。

3. 於冰箱冷藏浸泡 3 ～ 4 小時（或是睡前浸泡一晚），倒掉浸泡的水，取出綜合堅果，置於果汁機（或食物調理機）中，加入煮好的燕麥粒及黃豆及涼開水 500 毫升攪打均勻。

4. 將特調堅果奶倒入杯中，加入少許糖（或椰棕糖）調味即可享用。

營養師筆記

1. 建議均衡營養的特調植物奶不要過濾，保留更多的膳食纖維及營養素，靜置一會兒會有一些細小顆粒感及沉澱，飲用之前可以稍微搖晃均勻。若真的不喜歡顆粒口感，再用紗布過濾，均衡營養特調植物奶喝起來就會是滑順的口感了！

2. 喝起來有豆香、燕麥及堅果融合在一起的淡淡香甜味，可以使用些許糖（或椰棕糖）做調味，不加糖飲用更健康。

3. 此款均衡營養特調植物奶，也可以等水量的熱開水攪打成熱飲享用。

營養成分（1人份）

品項	熱量（大卡）	醣類（公克）	蛋白質（公克）	脂質（公克）
特調植物奶	114.4	11.3	5.6	5.2

PART **3**
美味的料理

不是只有飲品，
拿來做料理也很迷人

毛豆（枝豆）
豆奶濃湯

營養滿分的毛豆豆奶濃湯，
滑順口感，很適合高齡長者飲用！

> 日文稱為「枝豆」的毛豆，為未成熟且呈青綠色的食用大豆，也就是大豆年輕時的階段。參考台灣地區營養成分資料庫分析，以一份毛豆 50 公克計算，熱量約為 67.0 大卡，其中蛋白質 7.0 公克、脂肪 1.55 公克以及醣類 6.25 公克，並且含有豐富的維生素 A、B 群、礦物質及膳食纖維，其胺基酸的組成也非常齊全，更含有豐富的必需脂肪酸，堪稱是營養密度高的優質蛋白質食物來源，有助於改善大腦記憶力。此外，對於牙口不好的長輩來說，毛豆煮熟攪打成泥狀，或是煮成毛豆豆奶濃湯，都非常適合高齡長輩食用，確保攝取足夠蛋白質食物，預防肌少症發生。

（枝豆）
毛豆豆奶濃湯

效果

幫助肌肉合成、預防肌少症、調節血脂肪、改善大腦記憶力、幫助排便、維持良好腸道機能。

食材份量（**2**人份）

新鮮白木耳 40 公克、經典原味豆奶（詳見 **P.30**）500 毫升、冷凍毛豆仁 50 公克、鹽巴少許、黑胡椒粒少許、義式香料（可省略）少許

器具

電鍋、果汁機（或食物調理機）

步驟

1. 新鮮白木耳洗淨、去蒂頭、剪小朵備用。

2. 將備好的經典原味豆奶、白木耳及冷凍毛豆仁置於電鍋內鍋，外鍋一米杯水，待開關跳起來煮好後，置於果汁機（或食物調理機）攪打均勻。

3. 攪打好的濃湯置於碗中，再加入少許鹽巴調味，撒上些許黑胡椒粒及義式香料增添風味即可享用。

營養師筆記

1. 參考「經典原味豆奶」（詳見 P.30）事先做好豆奶，可於冰箱冷藏 3～5 天，需要使用的時候，取出以微波爐或電鍋加熱，進一步製作成各式健康飲品或濃湯，非常方便。

2. 加入白木耳可增加濃湯的黏稠感，豐富的水溶性膳食纖維，幫助腸道蠕動，緩解便祕問題，非常適合牙口不佳，蔬菜攝取不足的高齡長者食用。至於濃稠度，可以依照喜好調整，若太稠，可以再加入一些豆奶。

3. 若是需要控制血壓的人，建議減少鹽巴的使用量，只要添加黑胡椒粒及些許義式香料粉調味即可。

4. 此款毛豆豆奶濃湯，適合當作餐前湯品，溫熱享用。

營養成分（1人份）

品項	熱量（大卡）	醣類（公克）	蛋白質（公克）	脂質（公克）
毛豆豆奶濃湯	122.7	11.2	10.9	3.8

芝麻豆奶糊

效果

幫助產後媽媽乳汁分泌、幫助排便、使頭髮烏黑亮麗、維持良好腸道機能。

食材份量（1人份）

經典原味豆奶（詳見 **P.30**）**200** 毫升、新鮮白木耳 **20** 公克、純黑芝麻醬 **10** 公克、黑糖（可改用椰棕糖或省略）**5** 公克

器具

電鍋、果汁機（或食物調理機）

步驟

1. 新鮮白木耳洗淨、去蒂頭、剪小朵備用。

2. 將備好的經典原味豆奶、白木耳置於電鍋內鍋，外鍋一米杯水，待開關跳起來煮好後，置於果汁機（或食物調理機）攪打成糊狀。

3. 取出置於大碗中，加入純黑芝麻醬攪拌均勻，再加上些許黑糖（或椰棕糖）調味即可享用。

營養師筆記

1. 這款芝麻豆奶糊，因為加入白木耳增加黏稠感，豐富的水溶性膳食纖維，幫助腸道蠕動，適合產後便祕的媽媽，幫助潤腸，緩解便祕問題。

2. 椰棕糖富含多種礦物質，風味絕佳，適合用以取代高升糖指數的黑糖，當作各式甜品的調味添加。

3. 此款芝麻豆奶糊，適合當作產後坐月子的餐間點心，溫熱享用。

營養成分（1人份）

品項	熱量（大卡）	醣類（公克）	蛋白質（公克）	脂質（公克）
芝麻豆奶糊	176.7	14.4	9.6	9.0

芝麻豆奶糊

" 黑芝麻富含必需脂肪酸、維生素E、鈣質、芝麻素等營養素，不僅抗氧化、抗老化，更有助於產後媽媽補充鈣質及恢復體力。搭配上豆奶，由於黃豆含有豐富的優質蛋白質及卵磷脂，能夠幫助乳汁分泌，並且使其乳腺通暢，讓產後媽媽乳汁源源不絕，餵哺母乳變得簡單又輕鬆。芝麻豆奶糊是能夠幫助產後媽媽發奶的點心，更是坐月子期間的溫補聖品！"

芝麻豆奶糊，
幫助產後媽媽發奶的聖品！

銀耳紅棗燉豆奶

效果
保養肌膚、體重管理、幫助排便、緩解女性更年期不適症狀、維持良好腸道機能。

食材份量（2人份）

新鮮白木耳 **60** 公克、紅棗 **6 ～ 8** 顆、經典原味豆奶（詳見 **P.30**）**500** 毫升、冰糖適量（可改用寡糖或省略）

器具

電鍋（燉鍋或壓力鍋）

步驟

1. 新鮮白木耳洗淨、去蒂頭、剪小朵備用；紅棗洗淨、剪幾刀備用。

2. 將備好的經典原味豆奶、白木耳、紅棗置於電鍋（燉鍋或壓力鍋）內鍋，外鍋一米杯水，待開關跳起來煮好後，加入適量冰糖（或寡糖）調味即可享用。

營養師筆記

1 有血糖的人，調味的糖建議選用「低升糖指數（低 GI）」的糖，像是赤藻糖醇、異麥芽寡糖、椰棕糖等。這款銀耳紅棗燉豆奶，營養師選擇使用少許寡糖而非椰棕糖，主要是因為寡糖較不會搶走紅棗的香氣及味道。另外，寡糖搭配上銀耳的膳食纖維，有助於讓腸道的菌相更為良好。

2 此款銀耳紅棗燉豆奶，適合溫熱食用。

營養成分（1人份）

品項	熱量（大卡）	醣類（公克）	蛋白質（公克）	脂質（公克）
銀耳紅棗燉豆奶	113.5	13.8	7.6	3.1

想要保養肌膚及
提升免疫力的話，
來碗銀耳紅棗燉豆奶吧！

銀耳紅棗燉豆奶

> 銀耳就是俗稱的「白木耳」，性平味甘，能夠補肺益氣，養陰潤燥，很適合於秋燥時養肺、潤肺，保養呼吸道。銀耳燉煮後會釋出非常豐富的水溶性膳食纖維、多醣體、礦物質等營養素，加上熱量低且具飽足感，不僅是減重期間絕佳的聖品，也有助於潤腸，幫助排便，而且豐富的多醣體更有助於提升免疫力。銀耳搭配上補氣血、幫助循環的紅棗，兩者的加乘效果，對於女性朋友來說，是非常好的日常保養的食療湯品。再加上選用豆奶當作湯底，不僅養顏美容，更不用擔心減重期間肌肉流失的問題，也適合更年期婦女食用，有助於緩解更年期的不適。

洋蔥燕麥濃湯

為自己煮碗洋蔥燕麥濃湯，
讓你充滿活力並且遠離過敏症狀！

> 洋蔥，是一種具有全方位食療效果的蔬菜，含有二烯丙基二硫物質，可以擴張血管，調節血壓，使血流通暢；洋蔥也含有硫胺素，可以消除疲勞、改善食慾不振的問題；此外，也因為洋蔥含有豐富的膳食纖維及果寡糖，幫助益生菌生長，能夠改善腸道菌相；更含有植化素（像是槲皮素、類黃酮）及微量元素（像是硒）等，槲皮素及類黃酮都是很強的抗氧化劑，能夠保護身體細胞不被自由基侵害，同時，硒也有助於提升免疫反應，進而抑制癌細胞的分裂和生長。另外，洋蔥含有至少三種的抗發炎天然物質，所含的洋蔥素是很強的抗組織胺，能夠抑制身體細胞釋放組織胺，緩解過敏或感冒出現的鼻塞、打噴嚏、流鼻水及淚眼不止等症狀。所以，洋蔥是適合天天攝取的天然食療保健藥方。

洋蔥燕麥濃湯

效果
改善過敏症狀、調節血壓、提升免疫力、緩解疲勞、維持良好腸道機能。

食材份量（**2**人份）

新鮮白木耳 **40** 公克、洋蔥半顆、花椰菜（小朵）**4 ～ 5** 朵、經典原味燕麥奶（詳見 **P.44**）**500** 毫升、鹽巴少許、黑胡椒粒少許、起司粉（可省略）少許

器具

果汁機（或食物調理機）、鍋具

步驟

1. 新鮮白木耳洗淨、去蒂頭、剪小朵備用；洋蔥切末、備用；花椰菜洗淨、切小朵備用。

2. 將備好的燕麥奶、白木耳及洋蔥末置於電鍋內鍋，外鍋一米杯水，待開關跳起來煮好後，置於果汁機（或食物調理機）攪打均勻。

3. 將步驟 **2** 倒入小鍋中，開小火，加進花椰菜煮熟，再加入少許鹽巴調味，撒上些許黑胡椒粒及起司粉，即可盛盤享用。

營養師筆記

① 參考「經典原味燕麥奶」（詳見 P.44）事先做好燕麥奶，可於冰箱冷藏 3 ～ 5 天，需要使用的時候，取出以微波爐或電鍋加熱，進一步製作成各式健康飲品或濃湯，非常方便。

② 此款湯品所使用的蔬菜為花椰菜，可以替換成你喜歡的蔬菜，像是櫛瓜、胡蘿蔔、四季豆、白花椰菜等，都很適合。

③ 此款洋蔥燕麥濃湯，適合溫熱享用。

營養成分（1 人份）

品項	熱量（大卡）	醣類（公克）	蛋白質（公克）	脂質（公克）
洋蔥燕麥濃湯	124.2	21.3	3.0	3.0

香菇雞茸燕麥濃湯

效果
提升免疫力、緩解疲勞、
幫助肌肉合成、體重管
理、維持良好腸道機能。

食材份量（**2** 人份）

新鮮白木耳 40 公克、乾香菇 2 朵、經
典原味燕麥奶（詳見 **P.44**）500 毫升、
雞絞肉 30 公克、初榨橄欖油 10 公克、
鹽巴少許、香菜末（可省略）少許

器具

果汁機（或食物調理機）、鍋具

步驟

1. 新鮮白木耳洗淨、去蒂頭、剪小朵備用；香
菇泡水、去蒂頭、切末備用。

2. 將備好的燕麥奶、白木耳置於電鍋內鍋，外
鍋一米杯水，待開關跳起來煮好後，置於果
汁機（或食物調理機）攪打均勻備用。

3. 取一炒鍋加熱，以橄欖油先將香菇末及雞絞
肉炒香後，倒入步驟 2 的燕麥白木耳漿，加
入少許鹽巴，稍微煮到濃稠狀即可起鍋，盛
盤後撒上一些香菜末即可享用。

營養師筆記

① 患有痛風的人，需留意香菇的攝取量，不宜攝取過多，在水分攝取不足的
情況下，或是剛好大魚大肉時，就很容易造成痛風再次復發。

② 此款香菇雞茸燕麥濃湯，適合溫熱享用。

營養成分（1 人份）

品項	熱量（大卡）	醣類（公克）	蛋白質（公克）	脂質（公克）
香菇雞茸 燕麥濃湯	152.5	16.3	6.8	7.2

> 香菇為菇類的一種，屬於六大類食物中的蔬菜類，含有豐富的膳食纖維，具飽足感，且熱量低，非常適合需要體重管理的人食用。此外，由於香菇富含多醣體，能夠提升免疫力，幫助我們對抗外來的病菌。香菇內含的 B 群也非常豐富，可以讓人充滿活力，所以說香菇雞茸燕麥濃湯是提升好體力、防護力最佳的湯品，一點也不為過。另外，香菇也是素食者攝取維生素 D 的食物來源，能夠幫助鈣質吸收，強化骨鈣沉積，特別是曬乾過的香菇，維生素 D 的含量更為豐富，無論是否為素食者，都建議可以時常攝取香菇來保健身體唷！

疲倦的時候，
來碗香菇雞茸燕麥濃湯吧！

香菇雞茸
燕麥濃湯

西式濃湯，在家也可以輕鬆簡單完成！

蘑菇青醬杏仁濃湯

> 青醬的製作主要是選用甜羅勒搭配上松子或腰果等堅果，以及初榨橄欖油所調製出來的濃郁口感。我非常喜歡青醬，不僅可以攝取到滿滿的羅勒香氣，更可以獲得好的脂肪酸，能夠調節身體的血脂肪及整體的新陳代謝，讓人充滿活力。在台灣，甜羅勒並非容易取得的食材，所以改用味道及香氣較為接近的九層塔當作青醬的主原料。九層塔不僅是台灣常見的調味食材，還是可以入藥的植物，含豐富的維生素 A、B 群、C、礦物質等營養素，濃郁獨特的香氣，為人們帶來食慾、緩解腸胃不適，非常適合與其他食材搭配，做出許多美味的料理！

蘑菇青醬杏仁濃湯

效果

增進食慾、緩解腸胃不適、調節血脂肪、幫助排便、維持良好腸道機能。

食材份量（2人份）

新鮮白木耳 40 公克、乾香菇 1 朵、蘑菇 5～6 朵、洋蔥 30 公克、九層塔（去梗）40 公克、經典原味杏仁奶（詳見 **P.56**）500 毫升、松子 10 公克、初榨橄欖油 10 公克、起司粉適量、鹽巴少許

器具

果汁機（或食物調理機）、鍋具

步驟

1. 新鮮白木耳洗淨、去蒂頭、剪小朵備用；乾香菇泡水、去蒂頭、切末備用；蘑菇洗淨、切末備用；洋蔥切末備用；九層塔去梗、洗淨、擦乾備用。

2. 將備好的經典原味杏仁奶、白木耳置於電鍋內鍋，外鍋一米杯水，待開關跳起來煮好後，加入九層塔、部分松子，置於果汁機（或食物調理機）攪打均勻備用。

3. 取一炒鍋加熱，以橄欖油先將洋蔥末炒香後、依序加入香菇末及蘑菇末拌炒出香味，再倒入步驟 2 的青醬杏仁漿，加入起司粉及鹽巴，煮到濃稠狀即可起鍋，盛盤後撒上些許剩餘的松子，即可享用。

營養師筆記

❶ 參考「經典原味杏仁奶」（詳見 P.56）事先做好杏仁奶，可於冰箱冷藏 3～5 天，需要使用的時候，取出以微波爐或電鍋加熱，進一步製作成各式健康飲品或濃湯，非常方便。

❷ 加入白木耳可增加濃湯濃稠感外，白木耳豐富的水溶性膳食纖維，幫助腸道蠕動，緩解便祕問題，非常適合牙口不佳，蔬菜攝取不足的高齡長者食用。至於濃稠度，可以依照喜好調整，若太稠，再加入一些杏仁奶。

❸ 此款蘑菇青醬杏仁濃湯，適合溫熱享用。

營養成分（1人份）

品項	熱量（大卡）	醣類（公克）	蛋白質（公克）	脂質（公克）
蘑菇青醬杏仁濃湯	198.5	10.2	6.8	14.5

充滿香氣的蒜香堅果濃湯，消除疲勞，幫助開胃，適合當作餐前湯品！

香果湯
蒜堅濃

大蒜，是天然的抗生素，所含有的硫化合物可以提高免疫細胞的活性及數目，能夠提升免疫力。此外，大蒜含有獨特的植化素「蒜素」，具有很強的殺菌作用，能夠幫助身體對抗病菌，當然對血脂肪的調節也具有正面效益。大蒜含有豐富的維生素 B 群、礦物質及微量元素，能夠提高身體的新陳代謝，更能抑制癌細胞擴散，透過提高免疫系統來對抗癌症，大蒜是屬害的抗癌蔬菜之一喔！

蒜香堅果濃湯

效果
提升免疫力、消除疲勞、增進食慾、調節血脂肪、提升新陳代謝。

食材份量（2 人份）

新鮮白木耳 40 公克、乾香菇 1 朵、洋蔥 30 公克、大蒜 3 顆、經典原味堅果奶（詳見 **P.68**）500 毫升、起司粉適量、初榨橄欖油 10 公克、鹽巴少許、黑胡椒粒適量

器具

果汁機（或食物調理機）、鍋具

步驟

1. 新鮮白木耳洗淨、去蒂頭、剪小朵備用；乾香菇泡水、去蒂頭、切末備用；洋蔥切末備用；大蒜切片備用。

2. 將備好的經典原味堅果奶、白木耳、一部分蒜片置於電鍋內鍋，外鍋一米杯水，待開關跳起來煮好後，置於果汁機（或食物調理機）攪打均勻備用。

3. 取一炒鍋加熱，以橄欖油先將蒜片煎香，續加入洋蔥末、香菇末炒香，倒入步驟 2 的蒜片堅果漿，加入起司粉及鹽巴，煮到濃稠狀即可起鍋，盛盤後撒上些許黑胡椒粒即可享用。

營養師筆記

① 參考「經典原味堅果奶」（詳見 P.68）事先做好堅果奶，可於冰箱冷藏 3～5 天，需要使用的時候，取出以微波爐或電鍋加熱，進一步製作成各式健康飲品或濃湯，非常方便。

② 部分切片的大蒜，加入於蒜片堅果漿的製作中，讓湯底的蒜香更濃郁；而用橄欖油炒香的蒜片，讓濃湯的香氣大大提升。

③ 此款蒜香堅果濃湯，適合溫熱享用。

營養成分（1 人份）

品項	熱量（大卡）	醣類（公克）	蛋白質（公克）	脂質（公克）
蒜香堅果濃湯	151.0	6.9	4.3	11.8

松露堅果奶風味燉飯

效果
提升免疫力、增進食慾、調節血脂肪、提升新陳代謝。

食材份量（**3**人份）

米 200 公克、蘑菇 6 朵、洋蔥 50 公克、大蒜 15 公克、敏豆 30 公克、初榨橄欖油 15 公克、經典原味堅果奶（詳見 **P.68**）220 毫升、鹽巴少許、黑胡椒粒適量、起司粉適量、義式綜合香料適量、松露醬適量

器具

鍋具

步驟

1. 米洗淨、泡水一小時備用；蘑菇洗淨、去蒂頭、切末備用；洋蔥切末備用；大蒜切末備用；敏豆洗淨、切段備用。

2. 煮一鍋滾水，下敏豆，煮熟後撈起，泡冷水備用。

3. 取一平底鍋熱鍋，以橄欖油將洋蔥、蒜末、蘑菇炒出香氣後，倒入米、堅果奶、些許鹽巴及黑胡椒粒，稍微拌一下，蓋上鍋蓋，以小火煮 20 ～ 25 分鐘，不時翻炒避免焦底（或是將炒料、米及堅果奶置於電鍋內煮也可以）。

4. 飯煮好之後，撒上起司粉、義式綜合香料及松露醬拌炒一下，起鍋盛盤，擺上敏豆裝飾即可享用。

營養師筆記

❶ 敏豆若一開始就跟著其他食材一起燉煮，口感會過度軟爛，顏色也會過暗，所以敏豆可以先處理好，待燉飯煮好後再加入，不僅色澤美，營養也不會過度流失。另外，敏豆也可以替換成喜歡的蔬菜，像是甜豆莢、花椰菜等。

❷ 此款燉飯，若不想要一直顧爐火，也可以換成用電鍋懶人料理方式，煮好後，加入調味料拌勻即可上桌，輕鬆完成好吃的燉飯。

營養成分（1人份）

品項	熱量（大卡）	醣類（公克）	蛋白質（公克）	脂質（公克）
松露堅果奶風味燉飯	321.8	58.2	6.5	7.0

在家也可以簡單完成
充滿香氣及能量的燉飯。

松露堅果奶
風味燉飯

> 一般市售的燉飯，為了提升香氣，會使用奶油炒料，但這道松露堅果奶風味燉飯，
> 運用橄欖油炒料，以堅果奶取代鮮奶油燉飯，讓身體減少些負擔，更為健康。此
> 外，這道料理多了「松露」提味，松露是數種可食用子囊菌門物種的合稱，和蘑
> 菇一樣都是真菌，它無法形容的獨特滋味，可是世界三大珍饈之一，非常珍貴，
> 往往會在高檔燉飯料理中見到它的身影，不僅香氣、味道一絕，更富含多種維生
> 素、礦物質及微量元素，讓人充滿能量。

南瓜雞肉堅果燉飯

效果
保健眼睛、增進食慾、
促進肌肉合成、幫助排
便、維持良好腸道機能。

食材份量（3人份）

經典原味堅果奶 180 毫升（見 P.68）、
米 150 公克、南瓜 100 公克、蒜末 15 公
克、洋蔥 50 公克、花椰菜數朵、雞肉
丁 120 公克、起司粉適量、初榨橄欖油
15公克、少許鹽巴、義式綜合香料適量、
黑胡椒粒適量

器具

鍋具

步驟

1. 米洗淨、泡水一小時備用；洋蔥切末備用；大蒜切末備用；南瓜（帶皮）洗淨、切小塊備用。

2. 煮一鍋滾水，下花椰菜，煮熟後撈起備用。

3. 雞肉切丁，撒些義式香料及些許鹽巴醃一下，備用。

4. 取一平底鍋熱鍋，以橄欖油將洋蔥、蒜末、南瓜炒出香氣後，倒入米、堅果奶、雞肉丁、些許鹽巴及黑胡椒粒，稍微拌一下，蓋上鍋蓋，以小火煮 20 ～ 25 分鐘，不時翻炒避免焦底（或是將炒料、米、南瓜及堅果奶置於電鍋內煮也可以）。

5. 煮好之後，撒上起司粉、義式綜合香料拌炒一下，擺上煮好的花椰菜裝飾，即可起鍋享用。

營養師筆記

① 花椰菜若一開始就跟著其他食材一起燉煮，口感會過度軟爛，而且顏色也會過暗，所以可以先處理好，待燉飯煮好後再加入，不僅色澤美，營養也不會過度流失。花椰菜可以替換成個人喜愛的蔬菜。

② 此款燉飯，若不想要一直顧爐火，也可以換成用電鍋懶人料理方式，煮好後，加入調味料拌勻即可上桌，輕鬆完成好吃的燉飯。

營養成分（1人份）

品項	熱量（大卡）	醣類（公克）	蛋白質（公克）	脂質（公克）
南瓜雞肉堅果燉飯	336.7	46.5	14.8	7.3

南瓜雞肉堅果燉飯

南瓜，屬於根莖類澱粉食物，在六大類食物中歸在全穀雜糧食物分類。參考台灣地區營養成分資料庫分析，以一份南瓜 85 公克計，熱量約為 54 大卡，其中蛋白質 2.0 公克、脂肪 0.2 公克以及醣類 12 公克，並且含有豐富的維生素 A、B 群、礦物質及膳食纖維，維生素 A 是建構黏膜及皮膚的重要關鍵，也能夠緩解眼睛乾澀等問題，南瓜再搭配上優質蛋白質的雞肉，並以堅果奶取代鮮奶油所煮成的燉飯，營養密度高，且香氣十足，不僅可以滿足食慾，還能為你的健康加分！

PART 4
可口的點心

讓人欲罷不能的小點，
你選哪一道？

經典佛卡夏

效果

享用美味較無負擔，
較不影響血脂肪。

食材份量
（直徑15公分大小的圓形約 **2** 個）

黑橄欖（罐裝）4 ～ 5 顆、高筋麵粉
200 公克、細砂糖 10 公克、酵母 3 公克、
鹽巴 1/4 小匙、乾燥迷迭香適量、經典
原味豆奶（詳見 **P.30**）120 毫升、初榨
橄欖油 10 公克、香蒜粒、手粉適量

器具

鋼盆、攪拌匙、擀麵棍、烘焙紙

步驟

1. 黑橄欖洗淨瀝乾、切片備用。

2. 於鋼盆內加入麵粉、細砂糖、酵母、鹽巴、乾
   燥迷迭香以及經典原味豆奶，攪拌成團，再分
   次加入初榨橄欖油，揉成光滑麵團後，準備進
   行第一次發酵。

3. 將鋼盆內的麵團蓋上濕布，置於密閉烤箱內（烤
   箱內放置一杯熱水，溫度約 30℃左右），進行
   第一次發酵一小時，待麵團發酵至 1.5 ～ 2 倍
   大，用手按麵團沒有回彈即完成第一次發酵，
   取出備用。

4. 麵團取出排氣、鬆弛，稍微整型，擀成 2 公分
   厚度的圓餅狀（直徑約 15 公分大小），中間用
   手指戳出幾個凹洞（不須戳到底），麵團表面刷
   上初榨橄欖油後，擺上切成圓片的黑橄欖，撒
   上香蒜粒，即可進入第二次發酵約 30 分鐘。

5. 烤箱以上下火 170℃預熱，將麵團放入烤箱先
   烤 30 分鐘後，再調高上火至 180℃，烘烤 3 ～
   5 分鐘至表面上色，出爐後放涼即可享用。每
   台烤箱爐火狀況不同，可調整爐溫及烘烤時間。

營養師
筆記

❶ 黑橄欖也可以替換成油漬蕃茄，就可以製作成另一款風味的佛卡夏了！

❷ 這一款麵團也很適合做成披薩的餅皮，鋪上蕃茄醬及喜歡的配料，就會是
   非常好吃的披薩。

營養成分（1 人份）

品項	熱量（大卡）	醣類（公克）	蛋白質（公克）	脂質（公克）
經典佛卡夏	462.0	82.0	14.6	8.4

充滿義式風味的佛卡夏，
健康清爽不油膩！

經典
佛卡夏

> 我自己非常喜歡義式風味的佛卡夏，由於是運用初榨橄欖油所做成的一款麵包，吃
> 起來清爽無負擔。初榨橄欖油充滿獨特性的香氣及風味，再加上其脂肪酸七成以上
> 為油酸（單元不飽和脂肪酸），是地中海飲食的主要靈魂主角，有助於預防心血管
> 疾病、中風、失智症等疾病的發生，也可以平衡飲食中各種脂肪酸的攝取，降低發
> 炎反應，是非常適合現代人食用的一款油品。

伯爵豆香全麥戚風蛋糕

效果

享用美味較無負擔、
穩定血糖血脂。

食材份量（**1**個 6 吋蛋糕）

全麥麵粉 **50** 公克、伯爵紅茶粉 **8** 公克、雞蛋 **3** 顆、經典原味豆奶（詳見 **P.30**）**50** 毫升、玄米油 **20** 公克、細砂糖（可改用麥芽糖醇）**60** 公克

器具

鋼盆、攪拌匙、電動打蛋器、篩網、六吋圓形中空蛋糕烤模

步驟

1. 全麥麵粉及伯爵紅茶粉先過篩備用；蛋黃、蛋白先分開備用。

2. 製作蛋黃糊：取一小鍋，將蛋黃、豆奶、玄米油攪拌均勻，再倒入已過篩的粉類，攪拌均勻靜置備用。

3. 烤箱以上下火 170℃預熱。

4. 製作蛋白霜：取一乾淨鋼盆，用電動打蛋器以高速打發蛋白，然後分三次加入細砂糖（或麥芽醣醇），打發蛋白至呈光滑小勾狀的狀態即可；取 1/3 蛋白霜加入蛋黃糊內，以切拌方式拌勻後，再將整鍋的蛋黃糊倒入剩下的蛋白霜，同樣以同方向的切拌方式拌勻，最後倒入六吋中空蛋糕模具內，入烤箱前輕震一兩次，將大泡泡震出後，放入烤箱。

5. 以上下火 170℃烤 25 分鐘，再以 160℃烤 10 分鐘，最後以探針確認是否全熟，烤好後取出倒扣放涼後脫模，戚風蛋糕完成，即可享用！每台烤箱爐火狀況不同，可調整爐溫及烘烤時間。

營養師
筆記

① 這款戚風蛋糕，可以將伯爵紅茶粉替換成可可粉、抹茶粉、南瓜粉、紫薯粉等，就可以做成不同風味的戚風蛋糕了！

② 運用麥芽糖醇取代細砂糖的使用，不僅比較不會影響血糖，熱量也減半，而且在打發蛋白方面也更加穩定，蛋糕的製作很推薦使用麥芽糖醇。

③ 這款蛋糕的份量適合 4 ～ 6 個人食用。

營養成分（1 個 6 吋）

品項	熱量（大卡）	醣類（公克）	蛋白質（公克）	脂質（公克）
伯爵豆香全麥戚風蛋糕	493.2	70.0	5.6	21.2

伯爵豆香
全麥戚風蛋糕

清爽無負擔的一款蛋糕，
滿足口慾及追求更健康的甜食！

> 一般經典的戚風蛋糕，屬於較清爽的蛋糕，主要是使用精製的低筋麵粉、植物油及砂糖烘焙而成，但是低筋麵粉對於需要控制血糖的朋友而言，會使得血糖上升幅度加劇，不利血糖控制。因此，以全麥麵粉取代精製麵粉、豆奶取代鮮奶的使用，所製作出來的戚風蛋糕，大大增加了膳食纖維的含量，而且吃起來有淡淡的伯爵紅茶香氣及豆香，想要穩定血糖或是控制體重的朋友，一定要動手做看看喔！

芒果豆奶奶酪

" 典型的義式奶酪（Panna cotta），是義大利料理的餐後小點心，通常會使用大量的濃厚鮮奶油來增添乳香味，但其實過多的鮮奶油反而會增加身體的負擔，或是有些人攝取乳製品會腹瀉。但只要以豆奶取代鮮奶及鮮奶油的食材替換，減少對身體的負擔，也不會因乳糖不耐而不舒服。搭配上酸甜芒果，反而可以享用到這入口即化且充滿幸福感覺的小點心，非常適合當作小孩的派對點心，或是給牙口不佳的長輩食用。 "

入口即化的芒果豆奶奶酪，讓人在夏日充滿幸福感的小點心！

芒果豆奶奶酪

效果
補充植物性蛋白質。

食材份量（**4**個）

芒果丁中型 1 顆、吉利丁片 **2** 片（**5**
公克）、經典原味豆奶（見 **P.30**）
360 毫升、細砂糖（可改用麥芽糖醇）
20 公克

器具

鍋具、耐熱攪拌匙

步驟

1. 芒果洗淨、削皮、切丁備用。

2. 吉利丁片泡冰水至軟後（泡約半小時），
取出擰掉多餘水分後備用。

3. 將豆奶及細砂糖（或麥芽糖醇）放於鍋內，
以小火溫熱共煮、攪拌至糖溶解，再加入擰
乾的吉利丁片攪拌至均勻融化。

4. 趁熱裝入耐熱容器內（如玻璃杯），放涼後
置於冰箱冷藏 4 ～ 5 小時以上；待凝固後，
放上新鮮芒果丁就完成了。

營養師
筆記

① 這款甜品所使用的經典原味豆奶，建議以紗布稍微濾渣，製作出來的口感
會更加綿密，入口即化，比較不會有顆粒感或沉澱於杯底。

② 有血糖問題的人，調味的糖建議選用「低升糖指數（低 GI）」的糖，像是
赤藻糖醇、異麥芽寡糖、椰棕糖等，另外，也因為搭配上新鮮水果，水果
所帶有的甜味可以減少糖的使用量，更為健康！

營養成分（1 個芒果豆奶奶酪）

品項	熱量（大卡）	醣類（公克）	蛋白質（公克）	脂質（公克）
芒果豆奶奶酪	57.8	9.2	3.0	1.0

葡萄乾燕麥司康

效果

享用美味較無負擔，
補血、維持良好腸道
機能。

食材份量（**5**個）

葡萄乾 **30** 公克、低筋麵粉 **110** 公克、
全麥麵粉 **20** 公克、杏仁粉 **20** 公克、
細砂糖（可改用麥芽糖醇）**25** 公克、
無鋁泡打粉 **5** 公克、玄米油 **20** 公克、
OraSi 歐瑞仕燕麥奶 **60** 毫升、蛋黃液
（抹在表面）

器具

鋼盆、攪拌匙、擀麵棍、塑膠袋、圓
圈模

步驟

1.　葡萄乾切細碎備用。

2.　於鋼盆內依序放入低筋麵粉、全麥麵粉、杏
仁粉、細砂糖（或麥芽醣醇）及無鋁泡打粉
後，加入玄米油，用手搓成小顆粒，再依序加
入 OraSi 歐瑞仕燕麥奶及碎葡萄乾一起攪拌成
團，放於塑膠袋內冷藏半小時後備用。

3.　將麵團以擀麵棍擀成約 1.5 公分厚度，再以圓
圈模壓出圓餅狀，然後塗抹上蛋黃液，放入烤
箱烘烤。

4.　烤箱以上下火 160℃預熱，整型好的司康麵
團放入烤箱先烤 25 分鐘後，再調高上火至
170℃，烘烤 3～5 分鐘至表面上色，出爐後
放涼即可享用。每台烤箱爐火狀況不同，可調
整爐溫及烘烤時間。

營養師
筆記

❶ 這款葡萄乾燕麥司康由於加了葡萄乾，帶有的甜味可以減少糖的使用量，
更為健康！

❷ 除了葡萄乾也可以加入其他材料，像是抹茶紅豆、可可粉、起司丁等，變
換成不同口味的司康。

❸ 這款司康是使用 OraSi 歐瑞仕燕麥奶（無添加糖）當作液料，Orasi 燕麥奶
來自義大利，無牛奶蛋白、無乳糖、非基改食品，富含鈣質、維他命 D、E 等，
是素食者最佳飲品。若是懶得自製燕麥奶，可選購 Orasi 多款植物奶如無添
加糖的 OraSi 歐瑞仕燕麥奶、大豆奶；含些許蔗糖的核桃奶、杏仁奶、榛果
奶等，食譜做法相同，但變換不同液料就可以做出不同風味的司康！

營養成分（**1**個葡萄乾燕麥司康）

品項	熱量（大卡）	醣類（公克）	蛋白質（公克）	脂質（公克）
葡萄乾燕麥司康	197.6	28.0	4.0	7.7

葡萄乾 燕麥司康

" 司康（Scone），是英國的早餐代表性食物，有些人也會當作下午茶點心，胖胖圓圓的，外型小巧討喜，也有人會做成三角形司康，但此款司康是原味款式，使用富含膳食纖維的燕麥奶取代鮮奶，再搭配上孩子們喜歡的葡萄乾，當作早餐或是小孩放學後的小點心，都很適合喔！ "

小巧可愛的司康點心，
拿在手裡、吃在嘴裡，愛不釋手！

紅藜果乾
燕麥餅乾

> 充滿能量的燕麥餅乾，吃得到燕麥的扎實感，因為富含膳食纖維，吃起來也有飽足感，只要兩三片燕麥餅乾搭配一杯無糖豆奶，就是一份充滿幸福感的早餐。也非常適合當作孩子放學後的健康小點心，或是和三五好友溫馨聚會，泡杯熱紅茶，搭配著細細品嚐，那舌尖上的幸福感久久不散。

健康的燕麥餅乾，
也可以在家裡輕鬆完成唷！

紅藜果乾燕麥餅乾

效果
享用美味較無負擔，
較不影響血脂肪。

食材份量（**8**個）

經典原味燕麥奶（詳見 **P.44**）**50** 毫升、
玄米油 **30** 毫升、細砂糖（可改用椰
棕糖）**20** 公克、紅藜粉 **20** 公克、大
燕麥片 **140** 公克、杏仁片 **30** 公克、
蔓越莓果乾 **25** 公克

器具

鋼盆、攪拌匙、保鮮膜

步驟

1. 將經典原味燕麥奶、玄米油及細砂糖（或椰棕糖）置於鋼盆內，並攪拌均勻。

2. 再依序倒入紅藜粉及大燕麥片一同拌勻，最後拌入杏仁片及蔓越莓果乾（或綜合果乾），稍微靜置半小時後，再挖取適量的燕麥團置於保鮮膜內，紮緊成圓球狀後，再以手掌壓扁成圓餅狀。

3. 烤箱以上下火 160℃ 預熱，將燕麥餅乾放入烤箱先烤 25 分鐘，再調高上火至 170℃，烘烤 3～5 分鐘至表面上色，出爐後放涼即可享用。

營養師
筆記

1 此款紅藜果乾燕麥餅乾所使用的杏仁片，可以替換成自己喜歡的堅果，像是南瓜子、核桃、腰果、松子等，就可以製作出不同風味的堅果燕麥餅乾。另外，果乾的部分，同樣地也可以替換成其他口味的果乾，像是葡萄乾、黑棗乾等。

2 紅藜粉可以替換成各式穀粉，像是生糙米粉、薏仁粉、燕麥粉等。

3 此款紅藜果乾燕麥餅乾做成圓餅狀，當然也可以放入方形烤模內、壓緊後入烤箱烘烤，再裁切成長條狀，就會像市售的能量燕麥棒，方便攜帶，是運動登山後隨時補充能量的好幫手。

營養成分（**1** 個紅藜果乾燕麥餅乾）

品項	熱量（大卡）	醣類（公克）	蛋白質（公克）	脂質（公克）
紅藜果乾燕麥餅乾	148.3	17.6	3.6	7.6

市售的台式麵包，往往高糖高油，但只要稍微替換一下食材，以燕麥奶取代鮮奶，以橄欖油取代奶油，加上滿滿的蔥花搭配，一樣可以做出好吃又相對健康的麵包，同時兼顧健康及美味唷！

這款鹹麵包，一樣可以在家簡單完成，滿足一下口慾之腹！

蔥花燕麥小餐包

蔥花燕麥小餐包

效果
清爽美味無負擔，較
不影響血脂肪。

食材份量（約 5 個）

青蔥 1 支、初榨橄欖油 10 公克、鹽
巴 1/4 小匙、中筋麵粉 180 公克、全
麥麵粉 20 公克、細砂糖 10 公克、
酵母 3 公克、經典原味燕麥奶（詳
見 P.44）120 毫升、蛋黃 1 顆、手粉
適量

器具

鋼盆、攪拌匙、擀麵棍、烘焙紙

步驟

1. 青蔥洗淨、切末，加入適量橄欖油（份量外）
   及些許鹽巴（份量外）拌勻備用。

2. 於鋼盤內加入兩種麵粉、細砂糖、酵母、鹽巴
   以及燕麥奶，攪拌成團，再分次加入初榨橄欖
   油，揉成光滑麵團後，準備進行第一次發酵。

3. 將鋼盆內的麵團蓋上濕布，置於密閉烤箱內
   （烤箱內放置一杯熱水，溫度約 30℃左右），
   進行發酵一小時，待麵團發酵至 1.5 ～ 2 倍大，
   用手按麵團沒有回彈即完成第一次發酵，取出
   備用。

4. 麵團取出後排氣、鬆弛，分割成五等分，麵團
   表面各自刷上蛋黃液，在麵團中間稍微按壓出
   凹槽，於凹槽內鋪上青蔥，即可進入第二次發
   酵約 30 分鐘。

5. 烤箱以上下火 170℃預熱，將麵團放入烤箱先
   烤 30 分鐘，再調高上火至 180℃，烘烤 3 ～ 5
   分鐘至表面上色，出爐後放涼即可享用。每台
   烤箱爐火狀況不同，可調整爐溫及烘烤時間。

營養師
筆記

燕麥奶也可以替換成其他植物奶，製作出不同風味的麵包款式，烘焙的彈性空
間比較大，盡情發揮你的創意吧！

營養成分（1 個蔥花燕麥小餐包）

品項	熱量（大卡）	醣類（公克）	蛋白質（公克）	脂質（公克）
蔥花燕麥小餐包	201.0	33.4	5.6	5.0

經典肉桂捲

效果

滿足美味口慾且對身體較無負擔，較不影響血脂肪。

食材份量（約**9**個）

麵包體

中筋麵粉 250 公克、全麥粉 20 公克、細砂糖 20 公克、酵母 3 公克、經典原味杏仁奶（詳見 **P.56**）160 毫升、玄米油 15 公克、手粉適量

內餡

肉桂粉適量、黑糖（可改用椰棕糖）適量（建議比例，肉桂粉：黑糖 =1：3）

器具

鋼盆、攪拌匙、擀麵棍、烘焙紙、方形深烤盤（22 公分 × 22 公分 × 4.5 公分）

步驟

1. 於鋼盤內加入麵粉、細砂糖、酵母以及經典原味杏仁奶，攪拌成團，再分次加入玄米油，揉成光滑麵團後，準備進入第一次發酵。

2. 將鋼盆內的麵團蓋上濕布，置於密閉烤箱內（烤箱內放置一杯熱水），進行發酵一小時，待麵團發酵至 1.5 ～ 2 倍大即可取出。

3. 麵團取出後排氣、鬆弛，擀成長方形，塗抹上薄薄一層玄米油，均勻撒上肉桂粉和黑糖（兩者可以事先混合均勻），捲起成長棍狀，以刀子均勻切割成 9 個，放入方形深烤盤內（烤盤內鋪上烘焙紙），進入第二次發酵，約一小時後，入烤箱烘烤。

4. 烤箱以上下火 170℃ 預熱，將麵團放入烤箱先烤 30 分鐘，再調高上火至 180℃，烘烤 3 ～ 5 分鐘至表面上色，出爐後放涼即可享用。

營養師筆記

① 杏仁奶也可以替換成堅果奶，製作出具有堅果風味的肉桂捲。若是要換成豆奶也沒問題，更可以大大提升蛋白質的含量。

② 市售的肉桂捲，有些還會淋上糖霜，我比較喜歡肉桂風味強烈些，淋上糖霜很容易就搶走了肉桂的風味。若你喜歡淋上糖霜，建議淋上少許楓糖漿，既不會因為糖霜太膩而吃不太下，也不會搶走肉桂粉的風采。

營養成分（1個）

品項	熱量（大卡）	醣類（公克）	蛋白質（公克）	脂質（公克）
肉桂捲（未淋糖霜）	180	32	4	4

經典
肉桂捲

用杏仁奶做出美味健康
無負擔的肉桂捲！

我平常鮮少吃市售的麵包、蛋糕，因為自己會製作較健康的烘焙製品。眾多麵包裡頭，我獨愛有濃濃肉桂味的肉桂捲，與大家分享的這款經典肉桂捲，不用為了追求健康而捨棄美味，運用杏仁果打出來的杏仁奶，用以取代鮮奶，使用全麥麵粉取代部分中筋麵粉，讓麵團加些纖維及營養素，依舊可以做出美味的肉桂捲唷！透過優質健康好食材，做出營養美味的烘焙製品。

格子鬆餅

> 咖啡店內的格子鬆餅，是許多喜歡喝下午茶的人必點項目，搭配些許鮮奶油，以及清爽的水果，像是奇異果、草莓、藍莓等，或是簡單淋上薄薄的蜂蜜，就是個完美的下午茶甜點了！運用杏仁奶取代鮮奶、植物油取代奶油，不僅攝取得到好油脂，而且熱量降低，吃起來更為清爽無負擔呢！只要依照食譜配方做，網美般的下午茶格子鬆餅就可以在家簡單上桌，保證讓你有滿滿的成就感，趕快邀請好朋友一起來家裡喝下午茶囉！

用杏仁奶做出清爽的格子鬆餅！
在家吃下午茶吧～

格子鬆餅

效果
享用美味較無負擔，
較不影響血脂肪。

食材份量
（**4**小片扇形格子鬆餅）

格子鬆餅 ∽

低筋麵粉 **160** 公克、全麥麵粉 **20** 公克、雞蛋 **1** 顆、細砂糖（可改用麥芽糖醇）**30** 公克、經典原味杏仁奶（詳見 **P.56**）**100** 毫升、玄米油少許、無鋁泡打粉 **4** 公克

配料 ∽

新鮮水果適量、些許蜂蜜

器具

鋼盆、攪拌匙、打蛋器、格子鬆餅機

步驟

1. 水果洗淨，擦乾，切丁或切片備用。

2. 所有粉類（低筋麵粉、全麥麵粉及無鋁泡打粉）過篩備用。

3. 於鋼盤內依序加入雞蛋、細砂糖（或麥芽糖醇）、杏仁奶攪拌均勻；加入已過篩的粉類，攪拌均勻，呈現光滑般的麵糊狀。

4. 鬆餅機預熱，塗上薄薄的玄米油，倒入麵糊後蓋上，待好了之後取出鬆餅，稍微放涼後，淋上少許蜂蜜，再放上水果擺盤即可享用。

營養師筆記

① 若是沒有格子鬆餅機也沒有關係，只要有不沾平底鍋，一樣可以做出美式鬆餅（Pancake），淋上些許蜂蜜，加上水果擺盤，一樣是好看又好吃的下午茶甜點。

② 可以變化成你喜歡的風味，像是加入抹茶粉、可可粉、紫薯粉、南瓜粉、伯爵紅茶等，都非常適合。

營養成分（**1**個扇形格子鬆餅）

品項	熱量（大卡）	醣類（公克）	蛋白質（公克）	脂質（公克）
下午茶格子鬆餅 （未淋蜂蜜、未計算水果）	206.4	40.5	5.7	2.4

杏仁風味
麵包布丁

用杏仁奶做出派對上常見的麵包布丁！清爽簡單好吃，大人小孩都喜歡。

> 麵包布丁的做法簡單，材料容易取得，而且營養又健康，適合當作早餐或下午茶點心，也很適合親子一起同樂製作，對於牙口不好的長輩來說，吐司吸飽了蛋液後，麵包布丁屬於軟質食物，口感變得濕潤好咀嚼。選用纖維豐富的全麥吐司，在吃甜點的同時，也可以健康多一點，兼顧營養及美味。

杏仁風味麵包布丁

 效果
享用美味較無負擔、
幫助排便。

食材份量（3人份）

全麥吐司 **2** 片、雞蛋 **2** 顆、蛋黃 **1** 顆、
細砂糖（可改用麥芽糖醇）**20** 公克、
經典原味杏仁奶（詳見 **P.56**）**250** 毫
升、綜合果乾適量、杏仁片適量

器具

鋼盆、鍋具、打蛋器、篩網、長形
烤皿、大深烤盤

步驟

1. 全麥吐司切成塊狀備用。

2. 於鋼盆內加入雞蛋 2 顆、蛋黃 1 個以及細
   砂糖（或麥芽糖醇），一起攪拌均勻。

3. 小鍋內倒入杏仁奶，以小火加溫（不需要
   沸騰）；將煮溫熱的杏仁奶以線狀倒入蛋
   液中，邊倒邊攪拌均勻。

4. 混合完成的杏仁奶蛋液用細目濾網過篩，
   再將杏仁奶蛋液倒入烤皿中，約 1 公分高。
   將吐司塊整齊排入烤皿中吸收蛋液，再將
   剩餘的杏仁奶蛋液倒滿，稍微放置 7 ～ 8
   分鐘，讓吐司完全吸收蛋液。入烤箱前，
   表面均勻撒上些許果乾及杏仁片。

5. 烤箱以上下火 150℃預熱，先烤 25 分鐘至
   蛋液完全凝固，再調高上火至 160℃，烘
   烤 3 ～ 5 分鐘至表面上色，出爐後放涼即
   可享用。

 營養師筆記

這款杏仁風味麵包布丁，適合置於冰箱冷藏過後，冰涼食用。

營養成分（1 人份杏仁風味麵包布丁）

品項	熱量（大卡）	醣類（公克）	蛋白質（公克）	脂質（公克）
杏仁風味 麵包布丁	226.0	25.2	10.6	9.2

香蕉堅果蛋糕

效果
享用美味較無負擔、
幫助排便。

食材份量（**8** 人份）

低筋麵粉 **150** 公克、無鋁泡打粉 **6** 公克、香蕉 **100** 公克、雞蛋 **1** 顆、細砂糖（可改用麥芽糖醇）**40** 公克、經典原味堅果奶（詳見 **P.68**）**40** 毫升、玄米油 **30** 公克、碎核桃適量

器具

鋼盆、打蛋器、長條蛋糕烤模（**21.5** 公分 ×**8** 公分 ×**6** 公分）、烘焙紙

步驟

1. 低筋麵粉、無鋁泡打粉先過篩備用；熟成香蕉先以叉子攪拌成泥狀備用。

2. 雞蛋先和細砂糖（或麥芽糖醇）用打蛋器攪拌均勻後，再加入經典原味堅果奶及玄米油拌勻。

3. 加入已過篩的粉類，快速且輕盈攪拌麵糊（避免過度攪拌），最後加入香蕉泥，以切拌方式拌勻後，倒入長形蛋糕烤模內（烤模內鋪上烘焙紙），稍微震一下，均勻撒上碎核桃後放入烤箱。

4. 烤箱以上下火 170℃預熱，放入烤箱烤 30 分鐘，再調高上火至 180℃，烘烤 3 ～ 5 分鐘至表面上色，出爐後拉開烘焙紙，於架上放涼再切片享用。

**營養師
筆記**

❶ 堅果奶也可以替換成其他植物奶，製作出不同風味的常溫蛋糕。

❷ 這款香蕉堅果蛋糕，可於常溫下保存 2 ～ 3 天，要盡快食用完畢。

營養成分（**1** 人份香蕉堅果蛋糕）

品項	熱量（大卡）	醣類（公克）	蛋白質（公克）	脂質（公克）
香蕉堅果蛋糕	156.2	20.3	3.0	7.0

用堅果奶及植物油做出清爽的香蕉蛋糕，好吃美味無負擔。

香蕉堅果蛋糕

成熟軟爛且香氣十足的香蕉，拿來做香蕉蛋糕最適合不過了！但市售的香蕉磅蛋糕，是使用大量奶油及糖製作，往往會讓身體有過多的負擔。其實只要稍微替換一下食材，就能同時兼具美味及健康，我使用玄米油取代奶油、以堅果奶取代鮮奶所製作而成的香蕉蛋糕，出爐時滿屋子的幸福香氣，滿足在嘴裡，讓下午茶點心多了個健康的選擇。

甜點中的甜派一直都是許多女生非常喜愛的品項，但市售甜派不是太甜就是太油膩，總是在吃完的罪惡感深淵中掙扎。其實只要稍微針對食材替換及選取，在家完成健康甜派的製作一點也不難唷！不僅甜度可以自己調整，內餡也能少油少負擔。這次的派皮也是以部分的堅果奶取代一半奶油，讓健康多一點，即使吃甜點也可以兼顧健康唷！

可以在家運用堅果奶，簡單完成這美麗的甜派，吃在嘴裡甜在心裡！

藍莓堅果奶派

藍莓堅果奶派

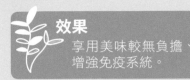
效果
享用美味較無負擔、增強免疫系統。

食材份量（**6** 人份）

派皮 〜

低筋麵粉 **100** 公克、蛋黃 **20** 公克、經典原味堅果奶（詳見 **P.68**）**30** 公克、發酵無鹽奶油 **25** 公克（或玄米油 **20** 公克）、杏仁粉 **20** 公克、細砂糖（可改用麥芽糖醇）**20** 公克

堅果奶卡士達醬及餡料 〜

藍莓一盒、經典原味堅果奶 **100** 毫升、細砂糖（可改用麥芽糖醇）**25** 公克、蛋黃 **1** 顆、玉米粉 **8** 公克

器具

鋼盆、鍋具、攪拌匙、打蛋器、六吋塔派活動模、擀麵棍、塑膠袋、重石

步驟

A. 派皮製作

1. 低筋麵粉過篩備用；蛋黃及經典原味堅果奶混合均勻備用；軟化無鹽奶油切小塊備用。

2. 於鋼盆內依序加入已過篩的低筋麵粉、杏仁粉及細砂糖（或麥芽糖醇）混合均勻，加入軟化奶油塊，用手搓成小顆粒狀，再倒入蛋黃堅果奶，以攪拌匙拌成團，放入塑膠袋內，冰箱冷藏鬆弛 30 分鐘備用。

3. 取出派皮麵團後，利用擀麵棍擀成薄約 0.5 公分的派皮，鋪於活動派模內，均勻推開鋪平，多餘的派皮可利用廚房剪刀修剪整型，並用叉子在派皮戳出幾個洞，派皮內放入重石，以免烘烤時塔皮膨起，放入烤箱烘烤。

4. 烤箱以上下火 170℃預熱，放入烤箱先烤 25 分鐘，再調高上火至 180℃，烘烤 3 ～ 5 分鐘至表面上色，出爐後脫模、放涼備用。

B. 堅果奶卡士達醬及餡料

1. 藍莓洗淨、擦乾、備用。

2. 等待烘烤派皮的時間，可以製作堅果奶卡士達醬。

3. 經典原味堅果奶和細砂糖（或麥芽糖醇）先置於鍋內，開小火融化後熄火，快速加入蛋黃拌勻，再加入玉米粉後開火，不停攪拌以避免結塊，至濃稠後熄火，趁熱放入派皮內備用。

C. 組合

1. 內餡稍微放涼後，將藍莓整齊排滿於堅果奶卡士達內餡上面，置於冰箱冷藏 2 ～ 3 小時，即可享用。

營養師筆記

1 堅果奶也可以替換成其他植物奶，製作出不同風味的卡士達醬。

2 這款甜派的派皮食譜，可以用任何你喜歡的水果派製作，像是草莓派、芒果派、蘋果派、綠葡萄派、綜合繽紛水果派等。

3 這款甜派的派皮食譜份量，約是一個六吋活動派模或是 2 ～ 3 個四吋大小的活動派模，可以依據家中的工具做調整。

營養成分（**1** 人份藍莓堅果奶派）

品項	熱量（大卡）	醣類（公克）	蛋白質（公克）	脂質（公克）
藍莓堅果奶派	172.0	21.5	3.5	8.0

Cook50211

能量植物奶

營養師專業解析，從飲品到料理、點心全方位食譜，最佳
控糖、減脂、低卡養生法

作者｜林俐岑
攝影｜徐榕志
美術設計｜許維玲
部分圖片｜ favpng、shutterstock
編輯｜劉曉甄
校對｜翔紫
企畫統籌｜李橘
總編輯｜莫少閒
出版者｜朱雀文化事業有限公司
地址｜台北市基隆路二段 13-1 號 3 樓
電話｜ 02-2345-3868
傳真｜ 02-2345-3828
劃撥帳號｜ 19234566　朱雀文化事業有限公司
e-mail｜ redbook@hibox.biz
網址｜ http://redbook.com.tw
總經銷｜大和書報圖書股份有限公司 (02)8990-2588
ISBN｜ 978-986-06659-4-9
初版一刷｜ 2021.08
定價｜ 380 元
出版登記 北市業字第 1403 號

國家圖書館出版品預行編目

能量植物奶：營養師專業解析，從飲
品到料理、點心全方位食譜，最佳控
糖、減脂、低卡養生法／林俐岑 著
-- 初版. -- 臺北市：
朱雀文化，2021.08
面；公分 --（Cook50；211）
ISBN 978-986-06659-4-9（平裝）
1.豆菽類 2.飲料 3.食譜

427.33　　　　　110012204

About 買書：
●朱雀文化圖書在北中南各書店及誠品、金石堂、何嘉仁等連鎖書店均有販售，如欲購買本
公司圖書，建議你直接詢問書店店員。如果書店已售完，請撥本公司電話 (02)2345-3868。
●●至朱雀文化網站購書（ http://redbook.com.tw ），可享 85 折優惠。
●●●至郵局劃撥（戶名：朱雀文化事業有限公司，帳號 19234566 ），掛號寄書不加郵資，
4 本以下無折扣，5 ～ 9 本 95 折，10 本以上 9 折優惠。

100% Italian plant-based drinks

100%純素植物奶

高鈣 120毫克/100ml (比牛奶高)

完美調製任何Café latte. 珍奶. 素食烘焙料理